浮尘的发生、分布对农作物的危害

李巧云 著

图书在版编目（CIP）数据

浮尘的发生、分布对农作物的危害 / 李巧云著. -- 兰州 : 兰州大学出版社, 2019.10
ISBN 978-7-311-05702-2

Ⅰ. ①浮… Ⅱ. ①李… Ⅲ. ①浮尘－作用－作物－危害性－研究 Ⅳ. ①S5

中国版本图书馆CIP数据核字(2019)第236082号

责任编辑　郝可伟　张映春
封面设计　王尹宣

书　　名　浮尘的发生、分布对农作物的危害
作　　者　李巧云　著
出版发行　兰州大学出版社　(地址:兰州市天水南路222号　730000)
电　　话　0931-8912613(总编办公室)　0931-8617156(营销中心)
　　　　　0931-8914298(读者服务部)
网　　址　http://press.lzu.edu.cn
电子信箱　press@lzu.edu.cn
印　　刷　西安日报社印务中心
开　　本　710 mm×1020 mm　1/16
印　　张　11.5
字　　数　230千
版　　次　2019年10月第1版
印　　次　2019年10月第1次印刷
书　　号　ISBN 978-7-311-05702-2
定　　价　36.00元

前 言

经过多年的努力，在我退休之前，第一部有关浮尘的专著终于出版了。到目前为止，虽然国内外研究和讨论浮尘的文章不少，但相关专著鲜有见到。本书的出版无论对我，还是对希望了解浮尘的广大读者来说，都是一件值得庆贺的事！

我从小生活在塔里木盆地的边缘，在南疆工作了近十年，深受浮尘之害。浮尘天气过后，总要清除桌面上的尘土。虽然当时对浮尘有一些感受，但缺乏深入的了解。

20世纪90年代初，我调入新疆农科院从事农业科研工作。也正是从那时起，开始关注南疆浮尘，并开展了一些前期研究。1997年申请了国家自然科学基金项目，后来又陆续申请了两项国家自然科学基金项目。在国家自然科学基金项目的支持下，我和同事开展了长期的浮尘研究工作。

开展浮尘研究，是一项复杂的工作，需要多学科的配合。如对浮尘概念的认识，环境学科和气象学科就有所不同。气象学把浮尘看作是一种灾害性天气现象，主要根据能见度，影响能见度的还有更严重的两种天气现象——扬沙和沙尘暴。环境科学主要关注大气悬浮颗粒物（suspended particular matter，SPM）或总悬浮颗粒物（total suspended particulates，TSP）的浓度（$\mu g/cm^3$，mg/m^3），特别是直径小于10 μm（PM_{10}）和小于2.5 μm（$PM_{2.5}$）颗粒的浓度。土壤学和水文学主要关注降尘的数量和化学成分。研究浮尘与作物的关系需要气象、化学、土壤、作物栽培、植物生理生化等多方面的专业知识。现代工业、农业、建筑业、交通运输业造成的大气污染，使浮尘的成分变得更加复杂。因此，需要多学科的配合，才能顺利地开展研究工作。如果从各方面开展研究，工作量是十分巨大的。

本书是一部研究性著作，仅汇集了作者多年来的部分研究工作成果。本书将重点放在浮尘的发生及规律的探讨上。研究范围是全世界，因为浮尘的迁移是跨国界的。对国外浮尘的研究主要借助文献。对国内浮尘的研究，除了借助文献，还开展了实地调查。作者几乎踏遍了全国的山山水水。塔里木盆地是我国浮尘主要发源地之一，盆地西南部的和田市是我们多年的野外定点研究基地。本书重点讨论了塔里木盆地浮尘的发生、迁移和沉积规律。浮尘对环境和人类的影响是多方面的，这方面能够开拓的研究领域是十分广泛的。如浮尘与气候、浮尘与人类健康（医学）、浮尘与黄土、浮尘与军事（武器性能的发挥）等。多年来，我们重点从浮尘与土壤、与作物开展研究，作物中选择了冬小麦、水稻和棉花，当然，研究最多的还是冬小麦。为了慎重起见，本书只选择了冬小麦的部分研究结果。需要说明的是，研究浮尘，需要多学科的知识，研究方法也需要多种，特别需要创新研究方法。在这方面，本书也提供了一些方法方面的思路，便于后来者借鉴。

本书可作为农业、气象、园艺、资源环境、生态等专业本科生、研究生、教师的参考书。

本书在研究和出版过程中得到了湖南农业大学、新疆农业大学、和田市气象站、尉犁县气象站的帮助，本书的出版得到了国家自然科学基金“新疆浮尘对作物作用的研究（30260053）”、湖南省教育厅资助项目“南侵浮尘对湖南大气和土壤的影响（17C0763）”、湖南农业大学大学生科技创新基金项目“气象因素对长沙颗粒物浓度影响的季节性差异”的资助，本书在写作过程中得到了关欣教授和廖柏寒教授的指点，赵丹丹、殷芙蓉、李萼同学参加了一部分试验，在此，一并致谢！

李巧云

2019年6月

摘 要

浮尘是指尘土均匀地飘浮在空中，常导致水平能见度小于10 km的天气现象。浮尘多发生于春、夏季，这时正是作物生长旺盛的季节，浮尘对作物的生长和发育有重要影响。塔里木盆地是我国浮尘发生最严重的地区，冬小麦是当地的主要粮食作物，在塔里木盆地研究浮尘的形成规律及对冬小麦的作用，有重要的理论意义和现实价值。

本项目以南疆塔里木盆地具有代表性的和田、尉犁和铁干里克作为研究区域，通过资料分析、实地调查、野外定位试验、模拟试验、室内仪器分析、理化分析等手段，分析了浮尘在国内外，特别是在塔里木盆地的发生规律，包括浮尘的来源、分布、发生时间、性质、成分、降尘量等；探讨了浮尘形成的原因和机理，提出了局地环流是浮尘形成的机制之一；全面研究了塔里木盆地浮尘对当地冬小麦生长发育的影响。主要研究结果如下：

1 浮尘的发生规律

1.1 浮尘的分布

浮尘天气的形成需要特定的气候和土壤条件，需要特定的环境和地形组合(或扬尘模式)。从全球来看，浮尘天气主要分布在南北纬10°—50°之间的内陆区域。具体形成条件如下：(1) 气候干旱、半干旱，大陆性强，年降水量<400 mm，降水分配不均，蒸降比大于2；温差大，多风，风速超过4.5 m/s。(2) 土壤干燥、疏松、缺乏结构，地表缺乏植被；土壤为荒漠土、干旱土、草原土等。(3) 深居内陆，具有大陆性环境。(4) 具有“高山-草原-荒漠”组合的地形条件。高山阻隔了海洋湿气的进入，形成高低对比明显的地形结构，有利于局地环流的形成。符合这些条件的地区、季风变换频繁区、冷热气团交汇区，再加上深居内陆的大陆性环境，都容易发生浮尘。根据对世界各地的分析和对比，发现世界上有

13个浮尘敏感区，它们分别分布在智利北部（1个）、阿根廷（1个）、美国中西部（2个）、北非及萨赫勒（1个）、澳大利亚中部（1个）、阿拉伯半岛（1个）、中亚（1个）、中国中西部（5个）。

1.2 浮尘的来源及发生的机制

浮尘的来源有两种：一种是自发的（自生的），是本地区扬尘所造成的。其特点是范围小，规律性强，发生时间长，浮尘产自本地区内部或附近，扬尘区和降尘区为同一地区，或距离较近，浮尘的物质组成与本地区的物质组成具有同源性，这种浮尘往往是由局地环流造成的。

另一种是输入性的，也叫外生的。其特点是范围大，时间短；浮尘来源于遥远的扬尘区，降尘区与扬尘区相距甚远；浮尘物质来源于外地，降尘的物质组成与本地的物质组成相比是异源的，这种浮尘往往是由大气环流、极地寒流、洋流等的运动引起的，它们常常随季风而变化；这种浮尘往往与沙尘暴相伴发生，与大风、沙尘暴有发生上的联系，一般位于沙尘暴区域的外围，处在沙尘暴即将结束的后期。

塔里木盆地浮尘的发生有一定的周期性。春季发生较频繁，5—6月达到高峰，冬季较少。塔里木盆地浮尘的发生有两种机制：一种是北疆绕过天山的东灌气流或西部直接翻越天山的寒流所引发的浮尘天气；另一种是局地环流所形成的浮尘天气。当山地海拔超过3000 m时，由于地形高差对比强烈，在山区和平原之间将形成区域性的温度差，形成空气的定向流动，产生“局地环流”，进而形成风。随着温差的增大，当温差大于18 ℃、近地面风速超过4.5 m/s时，就可发生浮尘天气。由于春天土地升温快，产生“锅底效应”，易发生浮尘天气。局地环流在全球是普遍存在的一种现象，它和浮尘的发生有密切的关系。

2 浮尘的组成和性质

浮尘发生最严重的时期与冬小麦的生长时期基本一致。不同的地区，不同的时间，不同的高度，降尘量不同，在70 cm高度，和田全年的降尘量为18913.71 kg/hm^2。浮尘中含有较多的盐分，总盐量为56.8 g/kg，可通过土壤，间接影响冬小麦的生长发育。浮尘中含多种微量元素和重金属元素，含有一定量的养分，特别是有机质和氮素；含有多种原生的易风化矿物，特别是石灰和石膏，风化程度较低；浮尘的pH为碱性，机械组成以粗粉沙（0.05～0.02 mm）为主。

3 浮尘对冬小麦生长发育的影响

3.1 浮尘影响冬小麦的产量和品质

浮尘对冬小麦千粒重无明显影响，主要是通过减少冬小麦的小穗数和穗粒数来降低冬小麦的产量，减产幅度超过17%；浮尘能减小冬小麦对氮、磷、钾的吸收，减小体内氨基酸含量，使籽粒中蛋白质含量和淀粉含量明显降低；浮尘能增加冬小麦对微量元素和重金属元素的吸收，增加体内盐分含量，特别是Cl^-和SO_4^{2-}离子，分别达到27.65 g/kg和27.55 g/kg。

在浮尘条件下，冬小麦茎叶中纤维素和木质素含量降低，单宁含量略有升高，总碳量升高，淀粉转移受到影响。

3.2 浮尘影响冬小麦的生理生化过程

从分蘖期至开花期，浮尘可导致冬小麦叶片内丙二醛（MDA）含量明显增加，对冬小麦机体产生伤害。在浮尘条件下，拔节期的冬小麦叶片中过氧化氢酶（CAT）和超氧化物歧化酶（SOD）被大量消耗，脯氨酸含量和相对电导率增加，说明降尘对冬小麦确实造成了伤害。在浮尘条件下，光量子通量有所降低，气温和叶面温度有所升高，气孔导度明显减小，气孔阻力明显增加。浮尘还可减小光合叶面积，堵塞气孔，妨碍气体交换，对光合作用和呼吸作用产生直接不利的影响。

3.3 浮尘影响冬小麦的形态结构

无论是拔节期还是盛花期，冬小麦叶片结构均受到浮尘的影响，使叶肉细胞的排列变得紧密，细胞间隙变小，从而影响到叶片气体交换和水分蒸腾。在拔节期，有尘叶片的机械组织变得比无尘正常小麦发达。在盛花期，叶片机械组织的发育受到一定抑制。浮尘对冬小麦影响的最敏感时期是3月至4月，发育期为分蘖后期至孕穗期，幼穗分化期为穗轴分化期至四分体形成期，而对扬花以后的灌浆没有明显影响。

关键词：浮尘；冬小麦；塔里木盆地；发生规律

Abstract

Suspended dust is a kind of weather phenomena, in which dusts float in air equably and the horizontal visibility is less than 10 km. Suspended dust usually occurs in spring and summer, which are the vigorous growth seasons for crops, and has an important effect on crop growth and development. Tarim basin in southern Xinjiang, China, is the most serious area occurring suspended dust, and winter wheat is one of main food crops here. The studies on suspended dust occurrence regulations and the effects of suspended dust on growth of winter wheat in Tarim basin are of important theoretical and practical significance.

The studied areas in this project are Hotan, Yuli, and Tieganlike in Tarim basin. Through references summarizing, field investigations, suspended dust observation and winter wheat planting in field stations, simulation tests, physical and chemical analysis, and other means, this study summarized the occurrence regulation of suspended dust oversees and domestics, especially in Tarim basin, including the sources of suspended dust, distribution, occurrence time, characteristics, composition, dust amount, etc. The occurrence and mechanisms of suspended dust in Tarim basin were discussed, and the local atmospheric circulation was contributed as one of the occurrence mechanisms. Finally, the effects of suspended dust on the growth and development of winter wheat were studied. The main results are as follows:

1. Occurrence regulations of suspended dust

1.1 Distribution of suspended dust

Under the condition of specific climates, soils, and special combination of environment and landform (or specific dust mode), suspended dust happens. In the world, suspended dust occurs mostly in the areas located in the mainland of 10–50 degree at both north and south latitudes. The factors of the form of suspended dust are as follows: (1) Arid, semiarid and continental climate; less than 400 mm annual rainfall to be unevenly distributed; higher than 2 for the ratio of evaporation to precipitation; great difference in temperature; windy and wind speed surpassing 4.5 m/s. (2) Dry, loose soil lack of structure and vegetation including desert soils, aridisols and steppe soils. (3) The inland remote from sea. (4) Continental environment with the terrain conditions of the combination of "highmountain–steppe–desert". The moisture from the ocean is blocked by the highmountain. The terrain structure is of obvious difference between highmountains and low flats, resulting in formation of the local atmospheric circulation. In the areas of above terrain conditions, suspended dust easily happens. According to our references summarizing, there are 13 sensitive areas in the world in which occurrence of suspended dust is frequent. They are locating at the north of Chile, Argentina, the middle and west of America, the north of Africa and Sahel, the middle of Australia, the Arabian Peninsula, central Asia and the west of China.

1.2 Origins and formation mechanisms of suspended dust

The origins of suspended dust can be divided into two groups: one is spontaneous (from itself), and is caused by the local region dust emission. The characters of this suspended dust are small range, strong regularity, and floating a long time, produced in the region or nearby, the same areas of dust emission and dust fall, ranging a short distance. The material composition of suspended duct is the same in source as the local soil, and this kind of suspended dust is usually caused by local atmospheric circulation.

The other suspended dust was introduced cases, also named extraneous. The characters of this suspended dust are big range, short time, coming from distant dust emission area, emission dust area far away from landing area, the material composition of suspended duct different from the local soil. This kind of suspended dust is often caused by atmospheric circulation, polar cold snap, ocean currents sport, and they often changes with monsoon. This kind of suspended dust often accompanies with dust storm, and has some relationships with occurring winds and sandstorms. It generally occurs on the outskirts of the sandstorm area at the end of dust storms.

The occurrence of suspended dust in Tarim basin behaves a certain periodicity. It happens more frequently in spring, the peak usually in May–June, and less in winter.

There are two kinds of mechanisms for the suspended dust occurrence in Tarim basin. One is the climate produced by cold air current across Tianshan from north to south in eastern and western Xinjiang. The other is weather caused by local atmospheric circulation. Due to the huge contrast caused by terrain elevation, when the mountain elevation over 3000 m, a regional temperature difference between mountain and plains can cause directional air flow and produce "local atmospheric circulation", resulting winds. When the temperature difference is higher than 18 ℃ and the near–ground surface wind speed over 4.5 m/s, suspended dust is produced. Because of the geothermal in spring heating up too fast, suspended dust is produced easily. This is called "effect of pot bottom". Local atmospheric circulation is a global common phenomenon, and it has a close relationship with the occurrence of suspended dust.

2. Composition and properties of suspended dust

The most serious period of suspended dust happens basically the same as the growth of winter wheat period. The quantities of suspended dust are different in different regions, time and heights. At 70 cm height, the fall dust quantity of the whole year is 18913.71 kg/hm^2 in Hetian area, where the suspended dust contains more salt, and total salt is 56.8 g/kg. This suspended dust can influence indirectly on the growth and development of winter wheat through soil. The suspended dust contains many kinds of microelements and heavy metals, also contains a certain amount of nutrients, especially the organic matter and nitrogen. It also contains a variety of pristine, easy weathering minerals, especially low weathered lime and plaster. The pH values in suspended dust are alkaline, and the main machinery contents are thick powder sand (0.02–0.05 mm).

3. Effects of suspended dust on winter wheat

3.1 Yield and quality of winter wheat

The effects of suspended dust on the weight of thousand seeds of winter wheat are not significantly, but suspended dust reduces the yield of winter wheat by 17% mainly through reducing spikelet number per spike and grain number per main spike of winter wheat. Suspended dust decreases the absorption of winter wheat for N, P, and K, and reduces the contents of amino acids in winter wheat and the grain protein and starch contents in wheat seeds. However, suspended dust increases winter wheat to absorb trace elements, heavy metal elements, and salts, especially for Cl^- and SO_4^{2-} ions. Cl^- and SO_4^{2-} ion in winter wheat reaches 27.65 g/kg and 27.55 g/kg, respectively. The cellulose and lignin contents in the stems of winter wheat decrease, tannin content and total carbon increase, and the transfer of starch is affected, when winter wheat is under the conditions of suspended dust environment.

3.2 Physiological and biochemical process of winter wheat

From the tillering stage to the flowering period, suspended dust enhances obviously malondialdehyde (MDA) contents, resulting in the damage in winter wheat. Meanwhile, a large number of catalase (CAT) and superoxide dismutase (SOD) are consumed in the leaves of winter wheat at the jointing stage, thus increasing proline contents and relative electrical conductivities and showing real damage in winter wheat. In the conditions of suspended dust, light quantum flux decreases, temperature of leaf surface rises, stomatal conductance significantly decreases, and stomatal resistance significantly increases. Otherwise, suspended dust reduces the area of photosynthesis, jams porosity, inhibits gas exchange, and produces adverse effects on winter wheat photosynthesis and respiration.

3.3 Morphological structure of winter wheat

Ether the jointing stage or the full bloom stage, winter wheat blade structure is subject to the influences of suspended dust, including closer arrangement of mesophyll cells, smaller space of intercellulars, thus affecting blade gas exchange water transpiration. At the jointing stage, the mechanical tissues in winter wheat leaves with suspended dust more develop than those without suspended dust. At the full bloom stage, the mechanical tissues are inhibited for a certain extent. The most sensitive period that suspended dust influences winter wheat is the period from March to April, developmental phase from late tillering stage to booting stage, panicle primordium differentiation stage from ear axis to tetrad formation stage. After the flowering stage, suspended dust has no obvious influences on the winter wheat at the grain filling stage.

Keywords: suspended dust; winter wheat; Tarim basin; occurrence regulation

目 录

第一章 绪 论

1 浮尘的基本概念

浮尘（suspended dust，airborne dust，floating dust，aeolian dust）是指尘土均匀地飘浮在空中，常导致水平能见度小于10 km的天气现象。浮尘发生时，无风或风速≤5.5 m/s。浮尘往往由扬沙（dust emission，emitting dust）或沙尘暴（sandstorm，duststorm）引起。沙尘暴是指空气浑浊，伴随大风（风速≥17.2 m/s），能见度小于1 km的天气现象。如果能见度为1～10 km，伴随小风（风速≥5.5 m/s）叫扬沙[1]。

国外比较关注大气颗粒物的空气动力学性质（aerodynamic properties）[2]，这些性质决定了颗粒物的来源、化学成分、迁移、沉降、悬浮及对人类呼吸系统的影响。最能够简便反映颗粒物空气动力学性质的参数是空气动力学直径（the aerodynamic diameter）。尽管颗粒物的形状各异，但只要直径一样，就可视为同密度、同体积的标准球体，具有相同的空气动力学性质。因此，可以通过颗粒物的直径进行分类[3]。理论上一般将悬浮于大气中的微粒，统称为悬浮颗粒物（suspended particular matter，SPM），在实践中需要测定它的总量，即总悬浮颗粒物（total suspended particulates，TSP），它可以是固体，也可以是液体，通常直径小于100 μm。在TSP中，直径10 μm是一个重要的分界点，10 μm直径的颗粒物（Particulates），就像具有同样粒径的标准密度（1 g/cm^3）的球体一样，可以长期飘浮在大气中。因此，凡是直径大于10 μm的颗粒，难以长期悬浮在空中，依靠自身重力自然沉降到地面，称为降尘（dustfall）。直径小于10 μm的颗粒叫飘尘[4]。后来，人们注意到，直径小于10 μm的颗粒难以被鼻毛、分泌物和黏膜过滤掉，很容易随气流进入气管和肺部，对人的健康影响很大[5]，因此被称为“可吸入颗粒物”（inhalable particulates，IP），用PM_{10}表示。一般PM_{10}占TSP的60%～80%。在PM_{10}中，直径小于2.5 μm的颗粒（$PM_{2.5}$）可直接进入肺泡和血液，对人的危害更大[6]。为此，美国环境署（US-EPA）、英国环境局（UK-EU）及世界卫生组织（WHO）分别制定了PM_{10}和$PM_{2.5}$的限量标准[7]。如，世界卫生组织对TSP的指导性临界指标为90 mg/m³，美国环境署和英国环境部制定的PM_{10}指导性临界指标为50 mg/m³[8]，WHO和US-EPA的$PM_{2.5}$指标为15 mg/m³[9]。另外，还将直径小于10 μm颗粒按粒径范围进一步区分。如，直径为2.5～10 μm之间的颗粒称为“粗粒”或“粗粒级”（coarse fraction），直径＜0.1 μm的颗粒叫“超细粒”（ultrafine particles）。这些颗粒可以是固相、液相或混合相，可以是人为的或自然的。根据特殊需要，国外还提出了“黑烟”（black smoke，BS）和“黑炭”（black carbon，BC）的概念，BS是指黑色的气溶胶，大部分为煤烟（soot）。BC和BS差不多，只是测定方法上不同[2]。为和国际标准接轨，我国在1996年颁布了《环境空气质量标准》（GB3095—1996），其中也规定了PM_{10}的容许浓度，并在空气质量日报中采用统一PM_{10}指标，同时制定了相应的测定方法[10]。

2　浮尘的分布及迁移

就全球范围而言，浮尘主要分布在南北纬度10°—50°之间的热带稀疏草原、副热带气候带和暖温带气候带的干旱、半干旱地区，具有大陆性气候的特点。目前，世界研究的重点主要集中在非洲北部、西部及撒哈拉沙漠以南，澳洲中西部，美国中西部，西南亚[11]（沙特阿拉伯、伊拉克、伊朗、阿富汗），智利，秘鲁安第斯山以西等地区。

早在1807年，德国地理学家亚历山大·冯·洪堡就在《自然的看法》中记载了南美洲奥里诺科河盆地的龙卷风将尘粒带到大气层中的现象。当时达尔文考察了非洲。当他离开非洲西海岸在海上航行时，他发现王氏舰船“比格尔”号上的甲板和设备上覆盖了一层尘埃，像一层薄膜一样漂浮在海洋表面，他根据盛行风的流向判断，浮尘的源地在非洲[12]。非洲有两个最大的浮尘源区（dust source）[撒哈拉（Sahara）[13] 和萨赫勒（Sahel）]，每年向全球大气层中输入数十亿吨的浮尘[14]。

撒哈拉沙漠（Sahara Desert）是世界上最大的沙漠，总面积约为906万km²。东西长4800 km，可分为三部分：西撒哈拉、中部高原山地（包括阿尔及利亚的阿哈加尔高原、尼日尔的艾尔高原和乍得的提贝斯提高原）和东部沙漠（包括特内雷沙漠和利比亚沙漠）；南北宽1300～1900 km，呈中部高、两侧低的态势；中部最高点位于乍得提贝斯提高原上的库西山，海拔为3415 m，通过该点的脊线将非洲大陆分为两部分：北非和南部黑非洲。

撒哈拉沙漠以北为干旱副热带气候，冬季平均气温为13 ℃，夏季极热，最高温度达58 ℃（利比亚的阿济济耶）；温差较大，年温差达20 ℃；降水量为76 mm，多集中在8月和冬季。

撒哈拉沙漠以南靠近沙漠有一条沙漠向热带草原过渡的干旱、半干旱地带，宽320～480 km，包括塞内加尔北部、毛里塔尼亚南部、马里中部、布基纳法索北部、尼日耳南部、乍得中部，苏丹西部称之为“萨赫勒”。这里降水稀少，植被稀疏。北部荒漠草原地区降水量为250 mm，向南逐渐升高，至热带稀疏草原地带时，可达到700 mm。降水集中，多以暴雨的形式降落。气候分为明显的旱季和雨季，炎热旱季时，气温常达50 ℃，日温差平均为17.5 ℃。冬季常吹干燥的东北风，当地叫“哈马丹风”（Harmattan）。植被主要是木本植物、小灌木和草本植物；木本植物常见的有油橄榄、柏、玛树、金合欢属、埃及姜果棕、海枣、百里香、夹竹桃等。灌木有蒿属（Artemisia）、柽柳（Tamarix senegalensis）等，草本植物有三芒草属（Aristida）、画眉草属（Eragrostis）、稷属（Panicum）、马伴草（Aeluropus littoralis）和其他盐生草。

萨赫勒是非洲浮尘的发源地，被称为浮尘走廊。它有两个高发区：一个在乍得湖附近（东北）的博德莱洼地；另一个是贯穿毛里塔尼亚、马里和南阿尔及利亚的带状地[14, 15]，其中心在马里[16]，我们可以称其为西非-马里浮尘。

萨赫勒地区之所以会成为浮尘高发区，是由当地的特殊气候条件和地理环境决定的。据Engelstaedter等研究，萨赫勒地区浮尘发生的周期与地面风力强度的变化无关，而与大风（high-wind）有关。特别是与近地面辐合的变化有关，而这些近地面辐合的变化与热带辐合带的南北迁移有关。西非-马里浮尘带6月的浮尘最严重，这时热源上空辐合带交汇，垂直风速增加，大风频发，由此形成干燥对流，控制浮尘周期[16]。另据Christina A. Kellogg等研究，非洲浮尘的输出量与北大西洋的洋流循环（NAO）有关，因为北大西洋的洋流循环会影响到北半球的大气循环和北非的降雨量[15]。

萨赫勒地区周边特殊的地质环境和风化条件赋予浮尘特有的矿物组成和化学成分。萨赫勒地区主要由岩浆岩和变质岩组成，岩石风化程度差，因此当地产生的浮尘富含钾、钠、铷、锶等可溶性阳离子和不易蚀变、高度风化的锆、铪、铀、钍等高离子场强元素及稀土元素。北部沙漠的浮尘以硅酸盐为主，但在迁移、风选中损失了锆、铪、钍，经过化学淋溶损失了钠、钾、铷，还受沙漠内硅藻和盐混合的影响。萨赫勒以南是深度风化的岩体，由于长期的淋溶，淋失掉钠、钾、镁、钙及大离子亲石元素，富含难移动、抗风化的锆、铪及稀土元素，高岭化明显。大西洋沿岸盆地富含中生代—新生代海洋石灰岩，缺乏钍、铌、钽，被当地含铀的磷酸盐矿床污染。冬季哈马丹风沿走廊吹拂，使北部沙漠的浮尘与当地的基底物质混合；在夏季季风期间，南部深度风化的浮尘被吹入走廊，与当地基底物质混合；大西洋方向吹来的浮尘，富含碳酸盐，伴随含铀的磷酸盐[17]。

特别值得关注的是，萨赫勒浮尘中还带有活体微生物（细菌、真菌、病毒颗粒、人类病原体）和植物孢子。如Christina A. Kellogg等从马里浮尘样品中分离出19种细菌和3种真菌，从美属的维尔京群岛浮尘中分离出的细菌和真菌有将近25%是植物病原体和10%是人类病原体[14]。

近年来，由于降水减少和荒漠化扩大，萨赫勒地区浮尘发生频率明显增加，如1977—1986年浮尘发生的频率比1957—1966年增加了几倍[16]。

频繁发生的浮尘，不仅污染了当地的空气，而且传播到美洲和欧洲。据Pierre Ozer在毛里塔尼亚的测定，年平均TSP和PM_{10}的浓度分别为159 μg/m^{3}和108 μg/m^3。2000年毛里塔尼亚的努瓦克肖特机场的TSP和PM_{10}的浓度分别为美国环保署制定的国家环境空气质量标准（24小时可吸入颗粒物的最低值）和欧盟空气质量临界值的86倍和137倍[18]。

据Pierre Ozer和Christina A. Kellogg研究，西非-马里浮尘有30%～50%横跨大西洋，覆盖加勒比地区、南美和美国东南部[15, 21]。

每年夏季，非洲浮尘大量迁移到美国东部各州，使佛罗里达迈尔斯堡和迈阿密大气中铝和铁的浓度急剧增加。测定同时发现，在非洲浮尘爆发时，迈尔斯堡浮尘浓度达到86 μg/m^3，铝和铁的细（直径小于2.5 μm）、粗（直径2.5～10 μm）颗粒比例相对恒定，即细粒占总量的三分之一到一半，铁、铝的质量比稳定在1.8，该值与地壳物质的平均值接近[19]。

在这些浮尘中，还含有大量微生物。为了证实这些微生物的存在，Dale W. Griffin等在非洲浮尘爆发期间从美属维尔京群岛中的圣约翰岛大气中收集了浮尘进行筛选，结果筛选出活的微生物数量是“晴朗的大气状况”的2～3倍。类似细菌和类似病毒粒子的总量比“晴朗的大气状况”下多出一个“常用对数”数量级[20]。

不仅如此，萨赫勒浮尘还向北越过地中海到达意大利和土耳其[21]。使地中海沿岸频繁降尘雨（Dust rain）。由于这种雨含红土，故有人称之为“泥雨”或“血雨”或红尘雨[22]。这种浮尘还使土耳其的（梅尔辛省）埃尔代姆利城降水中铁的含量增加，降水中Fe^{2+}的浓度达0.42 μg/m^3，总活性铁（包括Fe^{2+}和还原性Fe^{3+}）的最高浓度为1.0 μg/m^3，颗粒性铁和Al的组合比有相关性，可溶性铁的含量与降水样品中对应的活性铁的含量相比非常高。“红雨”降水中可溶性铁的浓度是相对较高的，生物可利用铁（活性铁）的沉降量足够支持地中海东部典型的最大初级生产率[23]。

萨赫勒浮尘使整个欧洲大气中PM_{10}的浓度增加[24]。据Korcz等研究，从北非和西南亚吹入欧洲的可吸入颗粒物（PM_{10}）的量为整个欧洲总扬尘量的50%（0.43 Tg）[11]。

亚洲是世界第二个浮尘多发区，该地区有三个浮尘发源区，分别位于西亚、中亚和东亚的干旱、半干旱荒漠地区。在这三个发源区中，还分布着次一级扬尘区，如中亚的哈萨克斯坦，东亚的蒙古和中国[25]。

在中国，主要有五个扬尘区：塔里木盆地、准噶尔盆地、河西走廊、阿拉善高原（巴丹吉林沙漠、腾格里沙漠、乌兰布和沙漠）和内蒙古中东部（毛乌素沙漠、浑善达克沙漠、科尔沁沙漠和呼伦贝尔沙漠）。在这些扬尘区中，浮尘主要来源于干湖床、沙化草地、废弃的农田、流动的沙漠。据Yang等研究，干湖床和沙化草地直径小于10 nm的颗粒含量分别大于60%和50%，北部沙漠直径小于10 nm的颗粒较少，主要是直径大于63 nm的颗粒，细颗粒是沙尘暴的主要来源[26]。研究表明，中国的扬尘区风蚀作用在加强。如河西走廊，从1996年到2003年，风蚀面积增加，沙尘暴出现的天数也增加[27]。西部的扬尘，上升到对流层后，沿西风带迁移到中国东部、朝鲜半岛和日本。Yang等通过对浮尘中稀土元素丰度和组合的研究表明，北京浮尘的矿物是高度混合的，仅有部分来自当地，大部分来自西部沙漠[28]。

Seiji Sugata认为，北京的浮尘，有一半来自外蒙古，三分之一来自内蒙古，从新疆而来的占其余15%[25]。

韩国首尔也常发生浮尘天气，主要在春天。1999年以来，冬天也时常出现。2000年以来，浮尘的天数增加，强度增大。尘霾主要是直径小于0.1 mm的干燥的颗粒，散射短波光。Chun Youngsin和Ju-Yeon Lim认为，首尔的浮尘天气和尘霾主要来自亚洲大陆[29]。2002年春季，浮尘再次侵袭韩国。总悬浮颗粒物（TSP）含量达到456.8 ng/m^3，与没有出现亚洲浮尘时（128.5 ng/m^3）相比增加了约3.6倍。从颗粒组成看，主要是粗粒增加[30]。为了了解韩国浮尘的来源和成分，Jin-Hong Lee等在2001年9月至2002年5月，在韩国大田市收集了10个PM_{10}样本并进行了中子活化分析，研究了粒子结合元素的组成与亚洲浮尘（AD）活动的关系。结果表明，在亚洲浮尘发生期间，主要地壳元素（如铝、钙、铁、钾、镁和钛）强烈富集（浓度增加了3～9倍），PM_{10}增加了3倍；来自人类活动的元素（如砷、溴、锑、硒和锌）浓度变化较小；有毒金属的富集系数小于非浮尘期间的同类值。在亚洲浮尘发生期间，出现较低的富集系数是由于地壳成分的过度输入。他们研究的结论是，韩国大气颗粒元素的绝对组成或相对组成可以被亚洲浮尘显著改变[31]。

韩国和中国还开展了联合研究，监测了1997—2000年的沙尘暴和重大的降尘(SD)。根据地面浮尘浓度测量、能见度、卫星图像、飞机和雷达观测，尘云的大气负荷超过100×10^4 t，到达朝鲜半岛的浮尘沉积量为4.6×10^4～8.6×10^4 t。由于最大浮尘（SD）时的能见度为3 km，他们预测TSP为659 μg/m³，PM_{10}为493 μg/m³[32]。

日本处于东亚下风地区，由亚洲大陆东部搬运而来的亚洲尘（kosa黄土）也迁移到日本[25，33]。2002年11月11日发生了一场沙尘暴，产生的浮尘降落到日本西南的鹿儿岛[34]。浮尘迁移到日本后，日本在其西北海岸开展了^{137}Cs含量的对比观测。研究认为浮尘起源于蒙古和中国，罗布泊和草原表土在沙尘暴后进入大气，可能引起日本^{137}Cs的变化[35]，Fukuyama等人认为，一次浮尘天气可沉降^{137}Cs达62.3 mBq/m²[33]。

大气中的放射性核素是由表面土壤的悬浮控制的，浮尘中放射性元素的组成和丰度可作为遥远浮尘的追踪物。1990年日本筑波气象研究所测定不受核试验和核事故影响时，大气沉降物中^{137}Cs/^{90}Sr的活度比为2.1，日本土壤表层^{137}Cs/^{90}Sr的活度比为4～7。2001年他们分析了塔克拉玛干沙漠浮尘，^{137}Cs/^{90}Sr的活度比大约是4；2002年他们又分析了摩纳哥沉积的撒哈拉降尘，其^{137}Cs/^{90}Sr的活度比大约是13。由此推测，日本降尘除有亚洲尘外，还可能有其他远处的尘源存在[36]。

2000年4月，中国和日本开展了一项为期5年的联合研究，题目是“风蚀尘对气候影响的实验（ADEC）”，该项目从中国西北部的源头到下风区的日本，通过开展田间试验和数值模拟研究，了解风蚀过程，浮尘在长途迁移过程中的时空分布，浮尘的化学、物理和光学性质及浮尘对辐射胁迫的直接影响。为此，从2002年4月至2004年4月进行了三次密集观察（IOP）。风蚀过程的现场观测表明，运动沙的垂直剖面为：粒径明显取决于高度和风沙跃移的通量，临界风速取决于土壤水分；结果还证明，风沙跃移通量强烈依赖于沙漠表面土壤的粒度组成。激光雷达观测和模型模拟结果表明，在东亚存在复合浮尘（多层浮尘层次）。化学迁移模型（CFORS）的数值模拟结果表明，来自塔克拉玛干沙漠的浮尘形成高层浮尘，来自内蒙古戈壁沙漠的浮尘组成下部层。全球浮尘模型（MASINGAR）也模拟了东亚2003年3月一次沙尘暴的对流层中部到上部的浮尘层次，这次沙尘暴来自北非和中东地区。在日本筑波用拉曼激光雷达观测发现，冰云与6～9 km高度的浮尘层有关。雷达和无线电探空仪观测分析结果表明，在高空充满冰晶的区域，亚洲尘充当冰核的角色。这些结果表明，浮尘通过进入冰核间接影响辐射从而影响气候。浮尘浓度的研究结果表明，在下风区浮尘粒径的分布呈双峰：一个高峰是在亚微米（小于微米）范围；另一个峰是在超微米（大于微米）范围。超微米颗粒中的主要水溶性成分是Na^+、Ca^{2+}、NO_3^-和Cl^-。在下风地区的日本，浮尘、海盐及两者的混合物被发现是大气混合分界层中粗颗粒的主要成分。通过天空辐射计、粒子发射吸收光度计（PSAP）和悬浮体散射仪观察浮尘的光学性质发现：在浮尘发源区未受污染的尘粒对光的吸收比原先认为的要弱。浮尘对辐射直接胁迫的灵敏性实验结果表明，单次散射的反射率是浮尘最重要的光学性质，而短波区的大气的顶层，瞬间辐射胁迫的灵敏度对折射率来说强烈地依赖于地表反照率。一个全球浮尘模型（MASINGAR）被用于评价浮尘对辐射的直接胁迫。结果表明，在大气圈的顶部和底部全球平均辐射胁迫值在有云天气时分别是-0.46和-2.13 W/m²，并且几乎是无云条件时辐射胁迫值的一半[37]。

1993年至2005年，日本在朽木试验林（琵琶湖附近）研究了欧亚沙尘暴和径流水化学及营养沉积率之间的关系，结果表明，从2000年到2005年，大气沉积物、总氮（TN）、总磷（TP）和可溶性硅（DSi）的沉积率在朽木试验林分别增加了26%、132%、38%。这些增加和春季欧亚浮尘活动之间有相关性，春季降尘的增加是总氮沉降的主要驱动力。中国城市化区（也可能是韩国）日益增加的TSP排放影响日本区域气溶胶的化学性质[38]。

亚洲尘（Asian dust）还沉积到北太平洋中部的中途岛、瓦胡岛、埃内韦塔克岛和芬妮岛。据估计，每年沉积到北太平洋中部的矿物颗粒总量为20×10^{12} g，2—6月最高[39]。亚洲尘甚至影响到美国西部。据报道，美国西部（亚利桑那州中部和加利福尼亚州北部和南部）浮尘天气，也受到亚洲迁移来浮尘的影响，如2001—2002年间共发生了496天严重的浮尘天气，其中与亚洲浮尘有关的占55天，本地风蚀扬尘产生的占201天，从美国其他地区风蚀吹来的浮尘导致的浮尘天气为240天。亚洲浮尘与北美大陆浮尘在有机质、黑炭和硝酸盐（NO_3^-）含量上有明显差别，亚洲浮尘细土/粗粒比高[40]。

澳大利亚也是浮尘发源地之一，但浮尘的影响范围仅限于本国。2003年10月23日，大范围的干旱和高温天气产生了大规模的沙尘暴，横扫澳洲东部。根据模型预测，浮尘的总载荷为335～485万吨。悉尼、布里斯班、格莱斯顿和麦凯分别沉积尘埃0.35、1.20、0.21和0.17万吨。在昆士兰东南地区，该沉积等于该地区年TSP排放量的40%。布里斯班和麦凯的24小时平均可吸入颗粒物浓度分别达到161和475 μg/m³，远超澳大利亚国家环境空气质量标准（50 μg/m³）。布里斯班24小时$PM_{2.5}$的平均浓度是42 μg/m³，超过了全国咨询标准（25 μg/m³）。浮尘期间，PM_{10}/TSP的比率明显增加，$PM_{2.5}/PM_{10}$的比率减小[41]。根据对澳大利亚新南威尔士州西北部Girilambone地区（在悉尼西部600 km处）风成物质特征的研究，浮尘主要在当地第三纪白榴石基岩的顶部聚集，也可深入土壤0.3 m以下，与土壤混合。这类土壤，粉砂和细砂含量高，不易形成聚集体，尤其是它们的有机质含量低[42]。

3 浮尘的发生条件

撒哈拉沙漠萨赫勒浮尘受夏季季风和冬季哈马丹风的影响[43]。据Dayan等在以色列内盖夫地区贝尔谢巴附近的哈撒音（Hazerim）37年的能见度观测，浮尘开始于10月，结束于次年5月，最大值出现在3月；有超过89%的浮尘集中在12月至次年5月之间。每当内盖夫处于塞浦路斯低压状态时，就会发生浮尘，这时水平能见度降低到5 km，有时甚至只有1 km。研究表明，在浮尘多的年份，地中海的气旋（低压）活动异常激烈，而在浮尘少的年份，气旋（低压）活动很少。还发现，浮尘量和北大西洋震荡（循环）强度存在极显著的负相关（-0.66）关系，北大西洋振荡（循环）调节着欧洲和地中海北部的气旋活动[44]。

另据在咸海盆地的喀尔玛克沙漠上的研究，扬尘与大气边界层的细微结构有关。热季，当气温大于25 ℃时地表温度高于50 ℃，相对湿度低于50%，对流过程就容易将尘粒从喀尔玛克沙表面抬升至大气边界层。这些气溶胶主要由团聚颗粒组成，并含大量的直径小于5 μm的气溶胶[45]。

在非洲萨赫勒的野外观测表明，风蚀物的迁移和风蚀控制参数（土壤结皮、植被覆盖）有关，据此，建立了风蚀物搬运的风蚀模型[46]。

德国在北部农田测定风蚀的结果表明，风蚀速率和质地有关。砂（直径>63 mm）和尘（直径<63 mm）在风蚀条件下的积累（沉积量减去侵蚀量）是不同的。尘的积累是负值；砂有些地方是负积累（侵蚀），有些地方是正积累。负积累（侵蚀）的各点与正积累（堆积）的各点交替进行，整个田间的净积累结果接近于零。在风蚀期间，风表现为一种选择性中值状态（介质）。在颗粒直径平均值为40和160 mm的表土中，细颗粒比粗颗粒更容易被吹蚀。在平均粒径小于40 mm的表土中，最粗的颗粒更容易被吹蚀。结果还表明，在德国西北部一次风蚀活动中，土壤风蚀的损失可以达到每公顷数吨[47]。

我国一些学者通过中尺度大气数值模式（MM5）研究了内蒙古沙尘暴（2001年4月6—8日）形成的原因。结果显示，气旋形成是由对流层上部的“等熵位涡流”（IPV）水平对流和对流层中下层的地形变性（修正）斜压（发生倾斜）造成的。阿尔泰山—萨颜山（俄罗斯西伯利亚）复合体阻挡了低层冷空气的运动，使等熵面突然倾斜。当空气沿着等熵面下滑时，空气的斜压性（倾斜性）不断加大，稳定性不断减小，这就猛然促使了垂直旋涡（流）的形成。沙尘暴的形成是由于冷气旋（低压）的前锋经过该地区，在冷空气前锋通过时，形成极强的地面风，造成热量对流，而与气旋形成本身无关。内蒙古中北部的黑风暴（能见度小于50 m）形成的原因有几方面。首先，这个地区的地面风很大，导致对流层中低部的空气向下运动。其次，冷前锋经过该地区，冷空气吸收了大量地面热量从而形成了一个深度的混合层（ML）。再次，低层风和地形共同形成了这个地区的大气层，并且获得了形成峰后深度混合所必需的对流层的最大部分。结果还表明，地面热（的驱动）是峰面形成的首要驱动机制，地面热流对峰面上升（抬升）至关重要。因此，消除地面热流使大气层（成层）平稳，可使沙尘暴之前的混合层变得十分浅，从而使沙尘暴的强度减弱[48]。

另据2001—2002年在敦煌（40°N，94°30″E）用带有光学粒子计数器的球载探测仪对自由对流层气溶胶的测量，夏天边缘混合层的厚度大约是4 km，秋天大约是2.5 km，冬天大约是3 km，这说明在夏季边缘附近粒子混合活跃。从边缘到3 km高度发现冬季有强烈的大气逆温层，而粒子浓度的垂直分布与温度分布有显著的相关性[49]。

风洞试验结果表明，土壤表层风蚀、扬尘传输量与土壤质地、颗粒大小和风速有关[50]，还与标准化差异植被指数（NDVI）和土壤表层含水量有关。Kimura等在黄土高原的研究结果表明，当风速达到7～8 m/s时，标准化差异植被指数（NDVI）的阈值大约是0.2、植被覆盖率为18%、表层土壤含水量与田间持水量临界比［$\theta(r)$］约为0.2是浮尘发生的临界条件[51]。对于直径大于100 nm的砂粒，传输量与风速和粒径的关系呈对数曲线关系[51]。风洞试验结果还表明，扬沙的临界风速和温度和湿度有关，温度影响空气的黏稠度，因此，低纬度不易出现浮尘。在寒冷或高海拔地区，温度低，空气的黏稠度大，空气阻力大，扬沙所要求的砂粒直径比热带沙漠小30%[52]。

一些学者研究了不同下垫面（农田、草地、沙地、戈壁和盐渍地）和沙尘暴之间关系发现，不同的下垫面、沙尘暴和强风天气有着某种交互作用。在天气年际变化小的草地、戈壁和盐渍地上，沙尘暴天气明显少于强风天气。农地和沙地的沙尘暴天气明显增加，甚至在很多年远远大于强风天气。草地、戈壁和盐渍地的下垫面比较稳定，在强风的条件下不易发生沙尘暴。然而，农地和沙地的下垫面不稳定，在强风天气下容易引发沙尘暴[53]。

广泛分布的干湖床、沙化草地和邻近沙漠的被抛荒农地对浮尘的形成也有重大作用。所以，东亚沙尘暴的物质来源包括内陆沙漠，也包括广泛分布于中国北部干旱地区的干湖床、沙化草地和被抛荒的农地[26]。

Shulin Liu 等在浑善达克沙地研究了不同表面类型沙粒移动的临界风速和移动速度。如，移动沙丘在离地面2 m高的临界风速大约是4.6 m/s，其他表面的临界速度都小于该值。沙粒的移动速度（STR）可以作为荒漠化程度的函数，该值与风速、地表植被覆盖、土壤质地有关，沙粒移动速度（STR）随着近地风速的增加而呈指数增加。在相同风速条件下，沙粒的移动速度伴随荒漠化的加剧也越来越大：半固定沙丘为0.08 g/(cm^2 · min)，半移沙丘为8 g/(cm^2 · min)，移动沙丘增加到25 g/(cm^2 · min)[54]。

Mei Fanmin 等在毛乌素沙漠研究了跃移通量、浮尘排放量、地表特征和气象参数（U*，Zo，Ri,）等之间的关系，结果表明，松散沙土的跃移通量比自然结壳的砂土和壤土明显高，沙漠和荒漠化的砂质土地是我国北方主要的尘源[55]。

近来研究发现，地下水控制盐分向土壤表面运动，保持地表土壤水分，支持依靠地下水生长的植物对浮尘产生积极和消极的作用，并在极端情况下可能导致半干旱系统的荒漠化。因此，可通过管理地下水，调节浮尘[56]。

根据地表覆盖和风速变化，可以将我国浮尘源区分为3个亚区：Ⅰ类区，无植被的塔克拉玛干区域；尽管整年有持续不断的弱风，但浮尘主要发生在春季和夏季。Ⅱ类区，中国北部和蒙古南部无植被的地区，该地区在浮尘发生与风速上均有显著的时间变化。Ⅲ类区域，浮尘主要发生在春季的植被区。浮尘发生的概率随风速呈指数增加，但随植被增加而减少。浮尘也强烈地被蒙古气旋活动和每年的季风所调控[57]。

4　积尘规律

美国加利福尼亚东南部的莫哈韦沙漠（Mojave Desert），面积约为6.5万km^2，由内华达山脉延伸至科罗拉多高原。这里年均降水量为130 mm，其地表层由两部分组成：上部是由细粒物质（主要是粉砂加黏粒）组成孤立的高丘，面积小，是近期降尘形成的（上部细土化学组成和矿物组成相似，而与下部基岩不同）；下部是当地大面积（15000 km^2）的基岩及风化物。研究结果表明，所有上部细粒物质中的磁性矿物组成、养分含量都是非常一致的，而与当地的基岩样品、当地的风化产物及尘土样品的磁性矿物组成、养分含量完全不同，说明洪积、冲积、湖积等各种来源的颗粒扬尘后在大气运输过程中，进行了高度混合，然后沉积在当地基岩及风化物表面。降尘在当地还形成独特的地理景观（细土高丘）[58]。

在山区，降尘有独特的沉积模式：在背风处，沉积颗粒细，沉积量少，而且影响范围可达山高的几倍距离，并且距离背风山坡越远，沉积颗粒越粗。在迎风坡的凹地，沉积粗颗粒，并且由于不同颗粒大小的惯性差异，迎风坡越高处，沉积的颗粒越细[59]。浮尘空中迁移的风洞模拟试验结果和田间试验结果表明，沉积主要是在山坡的迎风面，而据观察，砂沉积主要在背风坡[60]。

在干旱区和半干旱区，砾石层可以作为一种有效的浮尘陷阱。在以往研究中，岩屑基底上的积尘作用是在由相同体积的石头组成的单层砾石层上进行试验的。据目前在西北黄土高原的研究，浮尘在地面的积累与砾石层的数量和机械组成有关，试验结果表明，砾石上浮尘的积累数量随着砾石层层数的增加而增加。在单层砾石之间和砾石下面的积尘总量明显低于两个和三个砾石层，但两层和三层之间的积尘没有明显差异。这说明，双层砾石比单层或更多层的砾石表面能更好地俘获风尘。砾石表层的机械组成对积尘只有轻微的影响。对于所有测试的组合，砾石层上部浮尘的数量几乎是相同的，砾石之间和砾石下面的浮尘积累量随着小砾石比例的增加而增加。这项研究的结果可以用来管理砂田（砾石覆盖的农田）和设置石障控制风蚀[61]。

Goossens等利用水作为沉积表面结合风洞试验，研究了浮尘的垂直沉降与水平流动之间的关系。结果表明，当摩擦速度小于0.34 m/s时，沉积的降尘通常比它起源时的母尘要粗。由于较高的风速，中等粒径的降尘与母尘并无差异。当水平迁移通量（Fh）保持不变时，垂直沉降通量（Fs）随风速而降低。但是，临界摩擦速度相同，且均为0.34 m/s时，Fs和Fh的比值保持不变。只有当颗粒足够细时，Fh和Fs之间的关系才取决于颗粒直径的大小。由自然的湍流所产生的垂直混合强烈地影响浮尘的沉降，混合明显地阻碍颗粒的沉降，特别是细颗粒，可能阻碍细颗粒沉降达百分之几十[62]。

5 浮尘的组成及性质

撒哈拉气溶胶由人为部分（主要是非天然硫酸盐和碳质颗粒）和矿物尘粒组成，本底气溶胶直径为570 nm，撒哈拉尘埃粒子几何平均直径是715 nm，人为气溶胶中含大量硫酸铵[63]。

撒哈拉沙漠萨赫勒浮尘的矿物组成和化学组成与它们的地质来源和风化/迁移历史有关。直接来源于火成岩和变质岩体的浮尘（萨赫勒——沙漠边缘的大草原区）在地球化学方面发育不彻底（不充分），保留着可移动元素（如钾、钠、铷、锶）和含有高场强元素（如锆、铪、铀、钍）和稀土元素的副矿物。而沙漠盆地（中心）硅酸盐浮尘的化学组成受长期的迁移、自然的风选（损失了锆、铪、钍）、化学淋溶（损失了钠、钾、铷）以及与盆地内的物质（如硅藻和蒸发的盐）混合的影响。在冬季，由哈马丹风沿走廊吹起的矿物气溶胶与这些盆地的基底物质混合。在夏季季风期间，自撒哈拉以南非洲吹入走廊的浮尘来源于深度化学风化的岩体，可能具有高岭化的特征，淋失掉可移动元素（如钠、钾、镁、钙、大离子亲石元素），保留着难移动和抗风化元素（例如锆、铪、稀土元素）。最后，由大西洋沿岸盆地朝西南吹向走廊的浮尘将富含来自中生代—新生代海洋灰岩的碳酸盐，缺乏钍、铌、钽，被当地含铀的磷酸盐矿床污染[44]。据对雨水分析，雨水中氯离子浓度高，其他离子与氯离子的比例（Na^+/Cl^-、K^+/Cl^-、Ca^{2+}/Cl^-、Mg^{2+}/Cl^-、SO_4^{2-}/Cl^-）均高于海水中其他离子与氯离子的比例；铝和铁的浓度高，高于世界卫生组织饮用水标准值；部分样本锰、锌的浓度增高。根据雨水中离子浓度比值的变化，推断浮尘来源，如铝和铁来自砖红壤（铁铝土）产生的浮尘[64]。

城市大气主要受人为工业污染控制。世界卫生组织TSP的临界标准为90 mg/m^3，美国EPA和英国EU PM_{10}的临界标准为50 mg/m^3，$PM_{2.5}$的临界标准三者一样，都为50 mg/m^3。据Kuvarega和Taru在津巴布韦哈拉雷路易斯蒙巴顿学校（城市）于2002年收集的大气样品用石墨炉原子吸收光谱法（GFAAS法）测定，TSP、PM_{10}和$PM_{2.5}$平均分别为106.11、59.70和40.55 mg/m^3，空气中还含有高量的铅、钴、镍、镉等元素[65]。

Offer等人于1987—1997年在巴勒斯坦内盖夫沙漠北部实验站里进行了浮尘浓度的测量试验，取样周期是12 h和24 h。在整个研究过程中，浮尘浓度最高值是4204.2 μg/m^3，最低接近5 μg/m^3，平均是123.8 μg/m^3。根据24 h平均情况来看，有90%的天气属正常情况，浮尘浓度在0～200 μg/m^{3}之间；有8.5%的时间属于昏暗天气，浮尘浓度在200～500 μg/m^{3}之间；有1.4%的时间属浮尘天气，浮尘浓度在500～1000 μg/m^{3}之间，并且大约有0.7%是强烈的浮尘时期，其浮尘浓度超过1000 μg/m^3 [66]。

地中海浮尘的组成深受人类活动的影响。研究结果表明，地中海盆地的大气气溶胶主要来源于燃料燃烧、车辆交通、原材料转移和加工时的尘排放。数据还显示，在中度污染水平（占总量的60%）时，燃料颗粒约占总悬浮颗粒物的55%～60%，而来自工业粉尘排放的矿物颗粒占总悬浮颗粒物的20%[67]。

整个欧洲大气中的PM_{10}主要由自然浮尘和人为颗粒组成，人为颗粒占30%～50%。自然浮尘包括非洲浮尘和当地的扬尘。可吸入颗粒物中还含一定量的次生有机质[24]。

据在意大利北部的博洛尼亚经过八年对干湿沉降的收集和调查，化学沉降主要有三个来源：一是人为贡献（主要代表离子有NO_3^-、SO_4^{2-}、H^+）；二是海洋飞溅（Na^+、Cl^-及较小范围的K^+和Mg^{2+}）；三是陆源部分，其主要特征是含有较高浓度的Ca^{2+}。还发现Ca^{2+}浓度的某些高峰与撒哈拉沙尘运输事件有关。H^+的浓度明显降低，其高峰期主要集中在冬季，它与全球沉积的硫酸盐有很大的相关性[68]。

据对土耳其梅尔辛省埃尔代姆利城所收集的降水成分分析，雨水中含大量的铁。“红雨”发生期间，可溶性铁增加更多。根据轨迹和采样日期的对比分析确定，这些铁来自撒哈拉大沙漠的地壳，这些铁足够支持地中海东部的最大初级生产率[23]。

阿尔卑斯山上空及周围大气沉淀物的成分具有显著的地理变异性，随时间变化。特别是氮持续增加，超过当地植物所需氮的临界承载量，造成环境压力[69]。在瑞士南部的提契诺州、卢加诺区的诺瓦焦村降水中平均含氮 29 kg/(hm^2 · a)，含硫 15 kg/(hm^2 · a)，氮沉降量超过了根据长期物质平衡所计算的临界承载量[70]。Vanderstraeten 等在布拉邦省布鲁塞尔地区比较了工作日和节假日、农作物农忙和农休期大气颗粒物含量的差别。结果表明，交通对浮尘浓度影响不大，农业活动和作物类型对浮尘浓度影响较大[71]。

由于化石燃料的使用，各种机动车辆排放尾气，大量重金属也作为粒子随尾气排放。重金属含量是环境污染的一个重要参数。Ozcan 等在伊斯坦布尔博斯普鲁斯大桥根据 13 个月在 10 个不同时期采集的多个样本，测定了单位面积的降尘和其中的铅（Pb）、铜（Cu）、锌（Zn）、镉（Cd）、和镍（Ni）的浓度，平均铅浓度是 1454.65 mg /kg，同地点铜、锌、镉、镍的浓度分别是 399.12、2034.78、24.37 和 140.92 mg/kg[72]。

大气尘埃和微量元素的组成可用来区分城市土地类型。例如，石油（化石）加工区排放的粉尘，富含钒、镍和钴。Stefan 和 Doris 等在德国的卡尔斯鲁厄对各地（采样点）的元素组合进行了聚类分析，同时将各采样点分组，使元素组合与周围的土地利用相一致。结果表明，相同的城市采样点（土地利用类型）显示出相同的浮尘组合和微量元素沉降。他们区别了三组典型的元素组合。这三个组合代表了浮尘基质、扩散的城市污染和由于化石燃料加工造成的污染。浮尘的沉降量和化学组成有季节性变化，浮尘的沉降量和微量元素的浓度呈负相关关系。微量元素的最高浓度发生在冬季，浮尘的最大沉降在夏季[73]。

在希腊北部，由圣吉米特里奥斯发电厂向大气中排放的大量污染物含高量的氧化钙，可中和粉煤灰中的二氧化硫（SO_2），降低了降尘的酸性[74]。

在法国北部的莫尔塔涅 · 杜 · 诺德有一个被遗弃的锌冶炼厂，风蚀形成的浮尘含高量的重金属。如在冶炼厂附近学校操场采集的浮尘样本中，铅的含量超过了法国对粉尘规定的1000 μg/m^2的临界标准。浮尘沉降后又污染土壤和蔬菜，使所有土壤样品的镉含量和铅含量都超过了区域农业参考值，45%的蔬菜样本的镉含量和铅含量都超过了欧洲食品临界值[75]。尾矿风蚀尘对周围大气的污染是十分严重的，据在西班牙东南部的Rodalquilar地区对尾矿周围悬浮颗粒物的化学分析显示，结果显示，可吸入颗粒物中包含浓度大于$1.5×10^{-9}$的砷和浓度大于$4×10^{-11}$的锑[76]。

2007年3月24日在捷克发生了一次异常降尘，这次降尘主要由棱角形或次圆形的石英颗粒组成，还含钾长石（条纹长石）、绿泥石、少量的云母、黏土矿物和碳酸盐。80%～90%为粉砂（直径为4～63 μm），含少量直径<0.5 mm的砂粒。沉降量达到2.3 g/m^2，这些粗颗粒是由大气流从1400～2000 km远搬运来的。降尘的元素含量、微量元素的组成与乌克兰东赫尔松地区的表面泥质和沙质土壤、地壳上部的风化物非常接近，含Fe量大约为2%～3%，比地壳上部平均含量稍低，包裹在石英和硅酸盐的矿物外。这些浮尘的铅同位素标记、自然的石质印记和汽油燃烧引起的人为污染与非洲尘明显不同。通过孢粉组合分析能够追踪尘流的轨迹，同时还可以鉴别典型的标记，例如，来自源区的豚草花粉[77]。

波兰东北部别布扎国家公园是欧洲污染最少的地区之一，因此这里非常适合确定自然背景下大气浮尘的组成。Tondera等在2003年和2004年通过X射线衍射、扫描成像电子显微镜和能量色散光谱仪测定了降尘样品，结果证实石英、长石、云母、高岭石、绿泥石和赤铁矿是浮尘的主要成分。此外，还观察到少量的镍、镍-铁磷化物和铁-镍-铬氧化物（可能是外星起源的）颗粒。人为成分包括无定型（非晶质）的铝硅酸盐、重晶石、石膏、锡、铁、钛、铋-钨氧化物。在波兰东北部国家公园，石英和长石构成自然浮尘成分的大多数。这两种矿物的粒度和组成表现出季节性变化[78]。

据在印度赖布尔城工业、商业、住宅、交通繁忙区等6个采样点的降尘分析，每月降尘量在3.0～91.3 t/km^{2}之间，每年铅的沉降量为0.0065～0.4304 kg/km^2[79]。工厂对周围的环境影响很大。据Bhagia在印度测定，在石笔工业附近和远离石笔工业10 km外的二氧化硅（石英）浓度分别为41.07～57.22 μg/m^{3}和3.51 μg/m^3[80]。另据在印度中部赖布尔市收集的浮尘测定，铬、锰、铁、镍、铜、锌、锡和铅的年总沉降量分别是11.7、541.4、2751.0、14.2、9.8、90.9、17.6和17.7 kg/(a · km^2)，金属浓度顺序是铁>锰>锌>铅>锑>镍>铬>铜；空间分布顺序是工业区>交通繁忙地区>商业区>住宅区[81]。

交通污染造成的城市空气污染十分严重。据对孟加拉国达卡街道粉尘的测定，粉尘中含有大量的锌、铜、镍、铬、铅元素和稀土元素，其中稀土元素与大陆壳平均数接近，其他元素来源于工业污染和汽车废气排放[82]。根据从孟加拉国首都达卡市不同区域（工业区、商业区和住宅区）的街道收集的降尘分析，降尘主要成分是微量元素和稀土元素。商业区的样品中铅的浓度是工业区和住宅区的2倍，其样品中锌、铜、镍、铬的含量也远高于工业区和住宅区。达卡市所有地区的降尘中稀土元素都相似，并且与大陆地壳上部的平均水平具有可比性，降尘中的锌主要来源是工业源，铅来源于汽车尾气排放[83]。

Nasr等在马来西亚吉隆坡市中心和郊区采集了大气样品和道路尘，分析结果表明，人类和生物（如高等植物）的蜡质物、食品烹饪以及生物和生活垃圾焚烧，是大气颗粒中的有机质成分和路边浮尘颗粒的供给者[83]。

据在澳大利亚布里斯班市的研究，汽车尾气排放对道路两侧土壤的铅和溴含量影响显著，特别是表层5 cm的范围内[84]。

自然浮尘由风蚀形成。Susan E. Tate等在澳大利亚新南威尔士州吉里兰邦（距离悉尼西部600 km）根据当地风成物质的特征，建立了一套识别风成物质的标准，如，粒径为70 μm的高度磨圆、呈球形的石英颗粒的特征，高度磨圆的形态，圆形颗粒外是否存在黏粒薄膜，以及土壤剖面各层的质地类型、矿物种类和地球化学特征等[43]。

中国塔克拉玛干沙漠的扬尘可通过西风环流迁移到黄土高原、内蒙古、北京。据Feng等1990—1994年在喀什、塔克拉玛干沙漠、昆仑山、敦煌、兰州、宁夏、西安、内蒙古和北京收集的降尘分析，降尘的质地范围从粉砂质黏土到黏壤土，粒径在5～63 μm之间；化学组成以SiO_2和Al_2O_3为主，K_2O含量高，并且SiO_2/Al_2O_3和K_2O/SiO_2的物质的量比分别为5.17～8.43和0.009～0.0368。其主要矿物为石英、长石、绿泥石、伊利石、方解石和白云石[85]。

2002—2003年在敦煌西北地区使用气球运载的粒子撞击取样器收集对流层气溶胶粒子的实验结果表明，富硅或富钙粒子是敦煌上空自由对流层中尘粒的主要成分，并且富钙粒子与富硅粒子的数量之比在春天和夏天是显著不同的，其值在离海平面3～5 km的高度在2003年春天约为0.3，在2002年夏季约为1.0。与收集于日本的粒子在元素组成上比较，在对流层中这些粒子的化学性质在远距离迁移时发生了变化[86]。

Hoffmann等在内蒙古的锡林郭勒草地以用5 min的间隔用激光粒度仪测定了PM_{10}和PM_1，结果表明，总悬浮颗粒物的最大直径达100 nm，平均为23.0 nm。当可吸入颗粒物（PM_{10}）所含的细尘是总悬浮颗粒物（TSP）质量的58%～63%时，粗颗粒（大于30 nm）占总悬浮颗粒物（TSP）质量约为1/4。强沙尘暴发生时，即使风速低于0.3 m/s，沙尘浓度仍处于较高水平，沉积速率大，粒子直径大于60 nm[87]。

一个地区降尘的组成与上风源头的扬尘密切相关，也与当地的人为污染有关。据Hai Chunxing等在呼和浩特收集的降尘样品与内蒙古高原的表土和采自当地的煤烟尘埃样品、道路尘埃样品、建筑物尘埃样品比较（主要测定大量元素和微量元素），来自沙尘暴降尘中的二氧化硅含量与高原表土SiO_2的含量仅差2.77%，表明呼和浩特的降尘主要来自高原的表土；同时还发现沙尘暴降尘中砷（As）的含量大于高原土壤和非沙尘暴时浮尘中砷的含量，说明砷是从呼和浩特附近的煤炭工厂排放的。降尘的另一个源头是交通，可由铅含量证实[88]。

北京市3—4月沙尘暴天气最为频繁，来自内蒙古的浮尘、扬沙和沙尘暴分别占71%、20%和9%。沙尘暴发生时PM_{10}的浓度比正常时期高5～10倍，达到1500 μg/m^3，粗粒较多；$PM_{2.5}$的浓度大约为230 μg/m^3，为PM_{10}的28%，地壳元素占$PM_{2.5}$的60%～70%，SO_4^{2-}和NO_3^-的数量较少。非浮尘天气，$PM_{2.5}$主要由硫酸盐、硝酸盐和有机质组成[89]。

Han等对北京的53个站点的道路再悬浮尘样品进行了分析，并与沙尘暴源头的土壤样品和北京的气溶胶样品进行了对比，结果表明，在二次道路悬浮尘中，Ca^{2+}、SO_4^{2-}、Cl^-、K^+、Na^+、NO_3^-是主要离子，同时钙、硫、铜、锌、镍、铅、镉丰度远远高于其地壳丰度。二次悬浮道路尘中的铝、钛、钪、钴、镁主要来自地壳，而铜、锌、镍、铅主要来自交通排放和煤炭燃烧，铁、锰和镉主要来自工业排放、燃煤和燃油。Ca^{2+}和SO_4^{2-}主要来自建筑活动、建筑材料和二次气态粒子转换，Cl^-和Na^+主要来自工业废水和化学工业的排放，NO_3^-和K^+来自交通、氮氧化物（NO_x）的光化学反应、生物体和植物的燃烧。来自北京内部的矿物气溶胶占总矿物气溶胶的份额在2002年春季是30%，在2002年夏天是70%，在2003年秋季是80%，在PM_{10}（可吸入颗粒物）中是20%，在2002年冬季在$PM_{2.5}$中是50%。在二次道路悬浮尘中，污染释放的钙、硫、铜、锌、镍、铅、铁、锰、镉分别达到76%、87%、75%、80%、82%、90%、45%、51%和94%。来自交通和建筑活动的二次道路尘是北京气溶胶污染的主要来源[90]。

据2007年在北京的褐色薄雾与浮尘中采集的样品用能量扩散X射线微米分析和变速电子显微镜观察，在薄雾样品中，有90%的矿物颗粒被胶膜覆盖；在浮尘样品中，只有5%的矿物颗粒被胶膜覆盖。这些胶膜有92%的钙胶膜、镁胶膜和钠胶膜、8%的钾硫胶膜。大多数胶膜含钙、镁、氧、氮和少量的硫、氯，还有少量硫化物、氯化物与硝酸盐混合物。硝酸盐胶膜包括硝酸钙胶膜和硝酸镁胶膜，具有吸湿性，有助于提高光学散射、降低大气温度[91]。

在“东亚对流层气溶胶国际区域试验”活动期间，在北京附近进行了大气悬浮颗粒光吸收性质试验，在试验中用悬液计来测量光散射，用黑炭仪和微粒子烟尘光度测定仪测量光吸收。据测定，黑炭、褐炭和矿物颗粒吸收的波长不同，它们在550 nm波长的吸收率分别为9.5、0.5和0.03，根据吸光性可区分悬浮颗粒物的类型[92]。

城市大气和表土主要受人为工业污染控制。据对大连市道路粉尘和表土的分析，其中含大量的多环芳烃。道路降尘中多环芳烃的浓度为1890～17070 ng/g（干重），平均为7460 ng/g。表土中为650～28900 ng/g，平均为6440 ng/g。多环芳烃以4～6环为主，来源于煤的燃烧、石油的泄漏和汽车尾气排放[93]。

符拉迪沃斯托克的浮尘沉降量为0.1～6.5 g/㎡。根据2002—2004年春季的浮尘样品分析，泥质和细粉砂颗粒占优势[94]。

研究表明，韩国东南部大气中的成分主要受亚洲尘和当地人为污染的影响。无尘天气时，总悬浮颗粒物的含量为128.5 ng/m^3，大气中多氯代二苯并二噁英和呋喃（PCDD/Fs）的浓度为2.05 pg/m^3，当浮尘天气时，前两者的浓度分别为456.8 ng/m^3和2.45 pg/m^3，说明二噁英/呋喃主要来自当地[30]。

据用装有荧光光谱仪的电子显微镜对在敦煌对流层收集的浮尘进行分析，这些浮尘都是土壤粒子，在这些土壤粒子的表面通常都会有硫酸盐。而从中国沙漠迁移到日本的浮尘缺乏硫酸盐，这一事实说明，尘土粒子在从中国沙漠迁移到日本的长远路途中，其化学性质和成分能发生改变[50]。

Andreas Krein等用二次离子质谱-离子探针拍摄了微粒表面元素组成的图像，在铯的轰击下拍摄样品的离子影像，可鉴别颗粒的有机来源和无机来源。研究表明，大气中的细尘是由多种有机化合物和无机化合物组成的一种复杂混合物。重金属固定在纳米尺度的大气颗粒中，并以热质点形式存在[95]。

研究结果表明，浮尘粒子的种类和结合对气候变化有重要影响。如，碳酸盐优先与硝酸盐结合，而铝硅酸盐（黏土矿物）优先与硫酸盐伴生。$CaCO_3$-$Ca(NO_3)_2$等可以通过影响云凝结核（CCN）的活性来影响气候[96]。

6 浮尘对环境的影响

美国科学家研究认为，人口和环境是相互作用的，沙尘暴是重要的环境因素，因此沙尘暴和人口之间存在相互的因果关系[97]。

淡水是人类最重要的资源。美国航天局把探明驱动水循环和淡水资源分布的机制作为地球科学近期的主要战略目标。自然或人为浮尘、云和降水的相互作用是这一机制的一个重要组成部分。Christina Hsu等分析了最近50年7—8月降水异常的长期趋势，发现最大的降水赤字出现在萨赫勒地区，浮尘可能对季风（雨季）水循环起着重要的作用[98]。根据仿真模型的结果，非洲萨赫勒的浮尘使降水量减少30%[99]。世界沙尘暴的发生频率在不断增加，沙尘暴对农作物产生损害，造成土壤生产力损失，造成经济损失，导致大规模移民，影响健康，影响气候[100]。

人们普遍认为冰期和间冰期之间发生转变可以用米兰柯维奇理论来解释，但由中亚向东迁移的浮尘，使北半球高纬度地区太阳辐射减弱，导致全球气温下降，这可能和全球冰期发生有关，浮尘理论较好地解决了米兰柯维奇理论中的一些问题[101]。

根据对气象卫星（欧空局）和Modis卫星数据分析，在亚非地区上空发生浮尘时，地表降温，同时大气增温减缓。如浮尘使到达地面的太阳辐射减少10～15 W/m^2，大气增温减少0.3～0.5 K/day。在当地中午，沙漠上空增温可达3 K/day[102]。

在日本筑波用拉曼激光雷达观测发现，冰云与高度6～9 km的浮尘层有关，亚洲尘充当冰核的角色。浮尘通过进入冰核间接影响辐射胁迫从而影响气候[38]。韩国首尔近年来经常发生霾天气，霾天气与亚洲浮尘天气有关，是由悬浮颗粒造成的[29]。

1997年Otto等在“国际全球大气化学计划第二次气溶胶表征实验”活动期间，在撒哈拉浮尘爆发时，在海洋和沙漠上空研究了0.9～12 km高度范围内的浮尘粒度分布，测定了浮尘对短波、长波以及总大气辐射的效应（AREs），按比例缩减了浮尘光学厚度，绘制了对流层气溶胶的标准剖面。结果表明，大颗粒对浮尘的光学特性起主要的作用，当波长为550 nm时，散射、反射率达0.75～0.96，表明吸收增强。由于地表光谱反射率和温度的不同，浮尘导致海洋上空变冷，沙漠上空变暖。由于大颗粒吸收强烈，浮尘至少贡献20%的大气辐射效应。该研究的结论是，大颗粒的浮尘对辐射影响大，具有升温（加热）作用[103]。

在非洲萨赫勒地区用大气环流仿真模型仿真的结果表明，浮尘造成长波辐射较多，导致对流层冷却，对大西洋海温度施加影响。海面温度变化又可造成北非上空降水变异、植被的变化[100]。萨赫勒浮尘向地中海输入了大量的可溶性活性磷（SRP），营养了高海拔区高山湖泊中的浮游细菌和浮游植物，使细菌数量和内华达单鞭金藻的消长与浮尘沉积有关[104]。在德克萨斯州的墨西哥湾阿兰瑟斯港口用中子活化分析对浮尘进行研究，结果表明大气中的铁与该地区红潮的发生相关[105]。

浮尘与风蚀有关，风蚀后土壤粉砂和细砂含量高，不易形成聚集体，尤其是它们的有机质含量低[43]。凡是影响风蚀的因素（如土壤、植被），都影响浮尘。洪水泛滥，带来大量黏土，增加风蚀；含盐的洪水，降低植被密度，增加风蚀。

浮尘中含有大量的有机质。澳大利亚浮尘中的有机质含量可以达到65%。土壤生物结皮有助于抵抗风蚀，但也容易形成有机尘。在澳大利亚艾尔湖盆9年的研究表明，浮尘对生态系统的平衡有着重要作用，浮尘对森林生态系统的养分平衡有积极作用，对河流养分载荷（含量）有重大贡献，对海洋生态系统的影响开始被重视，可溶性富铁的浮尘输入南大洋刺激了浮游植物种群。浮尘作用于太阳辐射和降水（正面和负面），对全球气候具有重大影响。浮尘还是病原体的载体，这是一个值得研究的领域。

浮尘中含有大量的养分，以干、湿沉降的方式输入土壤。据研究，每年浮尘沉降到土壤中的氮（N）、磷（P）和硅（Si）的量分别为7.7 kg、0.3 kg和6.1 kg，而且多数干沉降的P容易被植物同化。浮尘中铵态氮（NH_x）和硝态氮（NO_x）的比率高可反映出主要使用铵态氮肥。养分湿沉降的量在数百千米范围内是一致的，但干沉降的量受动物分娩和结构的影响[106]。

亚洲浮尘向日本输入大量的P和微量元素。据在日本京都府芦生3年的观测，每年沉积单位容积的可溶性活性磷（SRP）、可溶性惰性磷（SUP）、无机磷微粒（PIP）、有机磷微粒（POP）、总磷（TP）分别为175、76、136、397、783 mol/m^2；每年沉积可溶性成分（Na、Mg、Ca、K、V、Mo、SO_4^{2-}）分别为156000、10900、7450、5470、10.3、1.52、40100 mol/m^2；每年沉积微粒成分（Al、Fe、Ti、Ca、Mg、Mn、Ba、Sr、Zn）分别为13200、3590、2630、576、624、42.3、30.2、17.4、8.2 mol/m^2。在沉积的总磷当中，15%来源于欧亚大陆东部的岩生浮尘，39%来源于中国煤的燃烧，其余47%由当地的生物颗粒造成[107]。

据在美国科罗拉多高原坎宁兰兹对土壤的研究，当地土壤的细土和大量养分来自远距离大气降尘。因为当地的基岩为砂岩，风化物为沙砾，风化物中不含钛的磁铁矿颗粒，而风化物上部20%～30%的降尘中含钛的磁铁矿颗粒，据此推断来自降尘。他们通过等温剩余磁化强度测定和计算降尘量，据测定，浮尘对养分（磷、钾、钠、锰、锌、铁）储量的贡献约占40%～80%[108, 109]。

据Todd等在德克萨斯州一个位于下风处的草场的试验，植被盖度和降尘量有关，降尘输入的P是植被生长的关键；降尘每年还输入20～30 kg/hm^{2}的氮[110]。

汽车尾气排放的重金属，对土壤酶活性和微生物有显著影响。据Füsun等人在土耳其十条道路两边农田土壤上的研究，随着距路边距离增大（5 m、25 m、45 m），基础土壤呼吸（BSR）增加，芳香基硫酸酯酶（ASA）、碱性磷酸酶（APA）和尿素酶（UA）的活性增大，重金属（铅、铬、镍、镉、铁、锰、铜和锌）含量下降[111]。

Cortizas等对西班牙西北部一个多雨的泥炭沼泽进行了研究，该沼泽记录了

5300年历史的大气沉降所提供的花粉和成土元素（钾、钙、钛、铷、锶、钇、锆）通量（单位面积沉积量）的变化，研究结果表明，树木花粉的百分比与成岩元素浓度之间存在着明显的负相关关系。如，树木花粉的总量和Sr的浓度关系是-0.94，说明人类活动（新石器时代晚期、金属时代、罗马时期、中世纪和工业期）造成落叶林的衰退；另据测定，在花粉减少之前，成岩元素的通量已经增加，表明土壤侵蚀增加要早于植被减少[112]。

浮尘和花粉传播有关，从北方的寒温带到南方的热带，浮尘中草本植物花粉的百分比有规律地变化；浮尘中的花粉承载着种植作物的种类、引进品种的空间分布、人为干扰自然森林有价值的信息[113]。探寻在浮尘中存在的标志性花粉所承载的环境变化信息有重要意义。

7 浮尘的危害

浮尘与经济有关，浮尘独立地或与其他大气污染物结合可以造成人类健康和环境问题，造成直接损失，称为“外部成本”。由模型估计的损失成本是，每排放1 kg浮尘损失40～374欧元，平均为每千克120欧元，$PM_{2.5}$和PM_{10}分别造成60%和36%的损失费，其余4%的损失费是由硝酸盐和硫酸盐气溶胶造成的[114]。在法国北部被遗弃的锌冶炼厂产生的浮尘污染了周周的土壤和蔬菜，使所有土壤的镉含量和铅含量超标，45%的蔬菜中镉和铅的含量超过欧洲食品临界值[76]。

浮尘导致呼吸道疾病增多以及肺功能减弱，甚至造成过早死亡，特别是对敏感群体［老年人、儿童及心肺疾病患者（如哮喘病人）］，影响更大。由于细颗粒和肺组织直接接触，细颗粒表面由重金属元素组成的热质点，直接损害肺组织[115]。据印度研究，年轻人长期接触矿物尘可造成肺生长发育迟缓，用力肺活量和用力呼气时间降低[116]。据Gospodinka Prakova等研究，长期接触矿物粉尘(游离二氧化硅)，体内新蝶呤水平提高12.72 nmol/L[117]。

在加利福尼亚州克恩县有一种发病率很高的疾病，该病被称为“裂谷热”，是一种由于吸入来自粗球孢子菌的空气孢子而感染的全身性传染病。该孢子菌是一种栖息于土壤中的真菌，在美国西南部、墨西哥部分地区和中美洲、南美洲都有发现，它耐热、耐旱，它的发病率和浮尘、沙尘暴有相关性，沙尘暴有助于粗球孢子菌的扩散[118]。

Dale W. Griffin等在美属维尔京群岛的圣约翰岛上收集了大量降尘，培养、筛选，用荧光显微镜观察，结果显示，在非洲尘爆发期间空气中传播的可培养微生物数量是晴朗天气的2～3倍，并且随着浮尘浓度的增加，类似细菌和病毒粒子的总量以常用对数的数量级增加，这些微生物随非洲尘迁移到维尔京群岛[20]。

哮喘在发达国家和发展中国家是常见的流行病，在加勒比人们认为每年由信风吹来的高浓度非洲尘是一个重要的致病因素，哮喘和加勒比地区浮尘之间有联系[119]。Dale W. Griffin等人在2000—2001年在加勒比海的北部美属维尔京群岛和船上做了一项浮尘与微生物的对比试验。他们分别在无尘的晴天和非洲尘暴发时收集岛上和船上的空气，培养和筛选细菌和真菌，在无尘天气条件下筛选了19种细菌和28种真菌，在浮尘天气条件下筛选了171种细菌和76种真菌。实验证明，浮尘可以作为细菌和真菌在全球扩散的载体，浮尘承载的微生物对下风处的生态系统和健康起着重要的作用[120]。

非洲的撒哈拉和萨赫尔地区每年向全球大气层输入数十亿吨的浮尘，其中有30%～50%的浮尘越过大西洋，到达北美、南美和加勒比。马里是迁往北美和加勒比的浮尘源地之一，Christina A. Kellogg等在马里的空气样本中分离出19种细菌和3种真菌，当马里的非洲尘到达加勒比和美国东南部后，将所含存活的微生物（细菌、真菌和病毒状颗粒）带到下风区。根据浮尘暴发时在美属维尔京群岛所收集的空气样本中所分离的细菌和真菌的DNA序列分析，有将近25%是植物病原体和10%是人类机会病原体，它们影响下风区的公共健康和生态系统[121]。

Pnina Schlesinger等人在2004—2005年，在地中海东岸的以色列海法，在沙尘暴发生之前或之后或之时，利用安德森6阶微生物采样器采集了空气中的浮游细菌和真菌，然后用光学显微镜来鉴定真菌，结果表明，在浮尘期间，大气颗粒、环境、海洋的各种元素浓度都增加，空气中微生物的浓度也增大。在冬天晴天，空气中数量较多的真菌是宛氏拟青霉、光孢青霉和链格孢菌；在春天晴天，空中存留的真菌是链格孢菌、白地霉、产黄青霉和光孢青霉。然而，在两次浮尘天气期间，数量占优势的真菌是链格孢菌、烟曲霉、黑曲霉、芽枝霉菌、产黄青霉和灰玫瑰青霉。研究表明，撒哈拉沙漠和地中海东岸其他沙漠的浮尘天气对空气中微生物的种群有着重要的影响，这些微生物可能对人的健康、农业和生态有着重大影响[122]。1997—1998年在卡塔尔的多哈试验结果表明大气中的真菌有35个属、73个种。其中枝孢属（6个种）、链格孢属（4个种）和单格孢属（4个种）占多数，球孢枝孢、芽枝状枝孢、细交链孢或互生链格孢菌和黑细基格孢最常见；研究还发现，真菌数量与风速呈正相关关系[123]。

浮尘是微生物传播的重要载体，2007年夏天，Iwasaka等在中国敦煌利用气球携带的测量仪器检测了大气层的微生物，测定结果表明，微生物与亚洲尘（科沙，Kosa）粒子组成了混合体，该混合体经常从地面飘浮到2000 m高空。用光学粒子计数器测量粒子浓度，用4，6-二脒基-2-苯基吲哚（DAPI）染色，然后用落射荧光显微镜观察，进行荧光粒子分析，结果表明，在2000 m高空，微生物和科沙粒子的混合物直径大于1 μm，浓度约为1粒/立方厘米，并且参与当地循环，该循环造成塔克拉玛干沙漠从地面到自由对流层大气尘的混合。由于这里西风环流占统治地位，所以大气微生物随着亚洲尘粒子一起远距离迁移，对全球或地区的生物地球化学循环产生影响，甚至引起生态系统的扰乱[124]。

Ngoc-Phuc Hua等在2005—2006年进行了一项有趣的试验，当亚洲浮尘天气发生时，在日本东广岛收集了降尘，经过盐化培养基培养，从中分离出几种嗜盐细菌，根据16SrRNA基因序列的相似性初步鉴定，这些分离出的种群是枯草芽孢杆菌、地衣芽孢杆菌、表皮葡萄球菌、薄壁杆菌和盐单胞菌的菌株；他们在中国敦煌的沙丘中收集的砂上开展了同样的培养、分离研究，结果得到了同样的七个菌株，这些菌株与东广岛获得的枯草芽孢杆菌和地衣芽孢杆菌的菌株非常相似（16S rDNA序列的相似性分别达到99.7和100%）。接着他们又对从室内保存的基因（DNA回旋酶B基因和拓扑异构酶1V基因）中分离的一组地衣芽孢杆菌进行了遗传分析，结果表明，两个地点所有菌株的两个基因都具有非常相似的序列（99.0%～99.4%）。对150个生理实验的数值分类所得到的显性特征证实两种菌株之间有密切的相关性（根据移谱分析法“SSM”所得相似系数达96.0%）。由两个来源的两个细菌种群所具有的高度相似性推断，可能是沙尘暴所携带的戈壁沙漠的地衣芽孢杆菌通过大气迁移到日本。这项研究的结果提供了东北亚黄土尘暴发传输微生物的证据[125]。

农业环境有自身的特点，农民们经常接触高浓度的有机浮尘和真菌无性孢子，特别是接触植物材料时。Marit Aralt Skaug等通过固定聚碳酸酯抽滤器采集牛棚附近的浮尘和空气中的无性孢子，无性孢子用扫描电镜来计数，浮尘用重量法测定，然后用甲醇、氯仿、盐酸和由免疫亲合柱净化水的混合物萃取浮尘中的赭曲霉毒素A（OTA），最后用离子对高效液相色谱法结合荧光探测对它进行分析。结果表明，气载无性孢子的浓度在1.1×10^4 /m^3～3.9×10^5/m^{3}之间，气载尘浓度在0.08～0.21 mg/m^{3}之间，含OTA为0.2～70 μg/kg。另据接种疣状青霉和赭曲霉培养无性孢子试验，每个孢子分别含0.4～0.7 pg的霉菌毒素和0.02～0.06 pg的赭曲霉毒素。这些结果表明气载尘土和真菌无性孢子是OTA的来源，揭示农业空气中含OTA意义重大[126]。Coghlan发现，浮尘中含有人类的DNA，虽然数量很少，但可探测，可重塑现场，用于侦破[127]。

8 浮尘的研究方法及测定

利用模型模拟浮尘是预测未来浮尘发生，研究大、中尺度浮尘的方法。Lee等设计了一个浮尘模块，将该模块连接到全球气溶胶微观物理学模型中，可以预测浮尘质量浓度和沉积通量，预测结果和观察结果一致[128]。

Xue Gong-jiang等用中尺度大气数值模式（MM5）分析沙尘暴的天气。MM5（Mesoscale Model 5）也叫中尺度非流体静力模式，具有多重嵌套能力、非静力动力模式以及四维同化的能力，能在计算机平台上运行，来模拟或预报中尺度和区域尺度的大气环流，特别是它的非流体静力模式，可以满足中-β（20～200 km）和中-γ尺度（2～20 km）强对流天气系统演变的模拟需要[49]。Kim等用气溶胶动力学模型预测浮尘的粒度分布，并将预测结果与实际测量数据进行了比较，结果表明，粗颗粒的浓度受10～16个因素的影响[129]。Korcz等用中尺度模型评估欧洲的浮尘，该模型根据文献赋予参数，可获得空间分辨率为10 km×10 km、时间分辨率为1小时尘源库（人为、农业、半自然）可吸入颗粒物（PM_{10}）排放量的数据，结果表明，欧洲每年排放的PM_{10}总量为0.74 Tg，年均PM_{10}的排放量系数为0.139 mg/km^2；其中，自然区PM_{10}的排放量系数估计为0.021 mg/km^2，农业区和人为地区的系数分别是为0.157 mg/km^{2}和0.118 mg/km^2；从北非和西南亚地表吹来的PM_{10}总量为欧洲扬尘量的50%[11]。

Shaw建立了浮尘局部大气模型预测矿物尘颗粒的浓度，2006年该模型在德克萨斯州南部厄尔巴索、得克萨斯州首府奥斯丁、亚利桑那州首府凤凰城、犹他州北部的城市盐湖城、加利福尼亚州贝克尔斯菲市进行了试验[130]。TEAM（得克萨斯技术侵蚀分析模型）是一种基于过程的数学模型，Gregory等认为该模型能对侵蚀源地上空和下风处浮尘的悬浮及运动进行模拟，还能预测与风蚀作用相关土壤颗粒的分离、迁移以及沉积[131]。

Lee等利用MODIS卫星影像研究了美国的德克萨斯州、新墨西哥州和墨西哥的奇瓦瓦沙漠地区和高平原地区浮尘天气的发生，确定了146个独立小规模的尘埃源地，其中，58个是耕地，49个是牧场，30个是沙漠盆地[132]。学者Kavouras等通过地理信息系统（GIS）强大的空间分析功能，制作了气团经过的轨迹图、风蚀空间分布图、扬尘发源区图；通过栅格单元的路线点的数量，绘制了浮尘传输路线的空间概率密度图等，分析了浮尘发生、传输及空间分布等[133]。

Yan等利用1996年至2000年的TM影像，结合地理信息系统建立了河西走廊不同时相的扬沙和扬尘面积的图形数据库，然后分析扬沙、浮尘面积的变化[134]。

浮尘中含有少量放射性元素，这些元素来自土壤风蚀，可以作为浮尘迁移以及在遥远的地区沉积的追踪物。1990年，Yasuhito Igarashi在日本筑波的气象研究所利用放射性核素^{90}Sr和^{137}Cs追踪浮尘，结果显示，在没有核试验和核事故时，降尘^{137}Cs/^{90}Sr的活度比为2.1，日本土壤表层^{137}Cs/^{90}Sr的活度比为4～7；土壤表层来自降尘，而日本的大气降尘是当地浮尘和远方浮尘的混合物。据推测，远方浮尘来自东亚西部，为证实这个结果，他们分析了2002年在摩纳哥沉积的萨赫勒浮尘和2001年在塔克拉玛干沙漠地区收集的浮尘中的^{90}Sr和^{137}Cs。结果表明，塔克拉玛干沙漠浮尘的^{137}Cs/^{90}Sr的活度比大约是4，该值处于日本筑波气象研究所观测的大气降尘^{137}Cs/^{90}Sr的活度比的范围之内，而萨赫勒浮尘显示较高^{137}Cs/^{90}Sr的活度比（大约是13）[37]。

Fukuyama等在日本春季通过每周监测浮尘颗粒和^{137}Cs的沉降量，估算各浮尘来源的比例，结果表明，来自一次亚洲浮尘天气过程的^{137}Cs沉降量为62.3 mBq/m^2，占整个监测时期^{137}Cs沉积总量的67%；当地浮尘天气对^{137}Cs的沉积也有贡献，但比例较小，结论是，日本大气^{137}Cs的主要来源是从东亚大陆迁移而来的浮尘（黄土）[33]。

^{137}Cs一般来源于核爆炸或严重核事故，Fujiwara等通过测定日本西北海岸^{137}Cs的含量，推断浮尘来源于蒙古和中国东北，是2002年3月东亚大陆发生的大规模沙尘暴将尘埃运往日本；并且认为草原土壤是^{137}Cs的一个潜在来源[35]。

^{210}Pb和^{137}Cs过去一般用于研究环境过程，尤其是土壤侵蚀。Sanchez-Cabeza等将^{210}Pb和^{137}Cs用于研究西班牙北部河流盆地的大气沉降量，认为^{210}Pb和^{137}Cs的大气通量与该地区年平均降水量有非常好的相关性，尤其是^{210}Pb是一个比较好的放射性示踪元素，^{210}Pb的通量［Bq /(m^2·a)］=(0.19 ±0.02)×降水量(mm/a)−(24±17)可以作为估计^{210}Pb输入通量的标度[135]。大气里的^{210}Pb、^{7}Be、^{90}Sr、^{137}Cs等元素可降落在土壤中，Osaki等通过测定灌溉水稻土、强酸性土等四种土壤不同深度^{210}Pb、^{7}Be、^{90}Sr、^{137}Cs元素的放射性强度分析浮尘对土壤的影响[136]。

Mingrui Qiang等利用甘肃西部阿尔金山苏干湖沉积物的粒度分析结果，结合^{210}Pb和^{137}Cs断代及当地气象站收集的沙尘暴天气的观测数据，重建了1957年到2000年沙尘暴的历史[137]。

Chen等在松嫩平原用碳酸盐的碳、氧同位素组成，追踪浮尘来源，认为在松嫩平原的土壤样品和长春的大气尘样品中，具有相同的碳酸盐的碳、氧同位素组成，而与西北迁移来浮尘中的碳酸盐的碳、氧同位素组成明显不同，因此可以区分[138]。

Xiaodong Miao等利用光释光（OSL）技术、放射性^{14}C测年技术，并结合黄土快速沉积和慢速沉积的多次交替的记录和颜色变化，在美国内布拉斯加州西南部沃纳塔附近，研究了一个全新世比格纳尔黄土剖面。他们利用Lab颜色参数和比格纳尔黄土的有机碳含量辨认干旱引起的浮尘沉积层和土壤夹层；通过土壤有机碳同位素$\delta^{13}C$的测定，区分C_3植物和C_4植物；根据C_3植物和C_4植物的转换，判定气候变迁，C_4植物占优势说明气候变暖。研究结果表明，比格纳尔黄土的颜色和热带太平洋表层海水温度（海面温度）变化相关，大平原干旱和热带太平洋的拉尼那现象对应[139]。

矿物和岩石具有不同的$^{87}Sr/^{86}Sr$和$^{143}Nd/^{144}Nd$的比值，该比值取决于其地质来源和地质年代，这些同位素的比值在大气中迁移或沉降为沉积物后要比元素组成的变化小，因而常作为物质来源和迁移的追踪剂。沉积物中的锶（Sr）同位素比值受其母岩、颗粒大小和化学风化的控制；一般来说，母岩的锶同位素比值越高，细颗粒越多，化学风化越强，那么沉积物的锶同位素比值就越高；相反，沉积物的锶同位素比值就越低。沉积物中的钕同位素比值，不取决于它们的粒径和化学风化，只与母岩种类有关。

黄土-古土壤序列Sr的同位素组成研究结果表明，在酸溶性的物质当中，$^{87}Sr/^{86}Sr$比值是中国黄土高原化学风化强度的指标，标志着东亚夏季季风的变化；而在酸不溶性物质中$^{87}Sr/^{86}Sr$的比值主要是受颗粒大小的控制，也可以作为东亚冬季季风变化的替代指标。在过去的2.6万年，在酸不溶性物质中，$^{87}Sr/^{86}Sr$比值的变化进一步证明，自第四纪初以来，东亚冬季季风是逐渐加强的，从第四纪冰期开始气候逐渐变冷[140]。

铅的同位素的比值也可以追踪污染物的来源，据Martinez等在墨西哥谷地城市区的研究，汽油中$^{206}Pb/^{207}Pb$的比值是1.1395 ± 0.0165～1.071 ± 0.008，该值可以作为工业铅来源的平均值；自然铅的比值为1.2082 ± 0.022～1.211 ± 0.108，城区测定的$^{206}Pb/^{207}Pb$的比值为1.179±0.105，说明其他来源铅的同位素增加[141]。

Delmonte等在南极洲东部，根据三个冰芯中矿物颗粒的$^{87}Sr/^{86}Sr$和$^{143}Rb/^{144}Rb$比值证明了在末次冰川盛期或全新世过渡期（公元前2万年—公元前1万年），均质浮尘迁入南极，同时沉降的区域逐步南移。这些浮尘来自南美洲南部[142]。Wu Guangjian等在6350 m海拔的慕士塔格峰上采集冰芯样品，根据冰芯中浮尘微粒大小和粒度分布，推断了浮尘的迁移和沉积特征[143]。

在格陵兰的冰盖上，每年沉积大量的Ca^{2+}和Na^{+}，据分析，钙来自浮尘，钠来自海盐。Hutterli等认为，冰芯中Ca^{2+}和Na^{+}的年度变化和空间分布记录了北美洲北极、格陵兰和中欧至北欧特有的区域性大气环流模式的变化，该环流携带浮尘迁移和沉积；海盐记录了海洋气团从东南洋（气）流的侵入；研究结果表明，钙来自亚洲尘[144]。

研究现代冰川中的浮尘，可以追溯浮尘的历史足迹，Wang Ninglian在分析藏北高原马兰冰芯的尘埃层时发现，在过去200年以来，降尘发生频率呈下降的趋势；分析认为，是由自然过程造成的，可能与降水量增加和全球气候变暖导致的西风减弱有关；此外，还发现降尘比率与马兰冰芯中的氧同位素（$\delta^{18}O$）有着显著的负相关关系，这对研究大气尘埃对气候变化的影响是非常重要的[145]。

通过母质层微量元素周期性变化特征也可追溯气候变化的历史，Yang Yi等分析了巴丹吉林沙漠查格勒布鲁剖面中的16种微量元素的含量，发现相对稳定的元素（如磷、锰、锆、铬、铅、铷、铌、钇）和相对活动的元素（如钒、锶、镍、铜、锌、砷）的含量显示出有25个高、低变化的周期，与剖面沉积旋回的波动相对应；研究结果表明，15万年以来，由于冰期和间冰期的交替，巴丹吉林沙漠南缘出现25个旱-冷、多风和暖-湿所组成周期的气候波动，反映在剖面上，是沙砾层-黄土和古土壤的交替[146]。

Sapkota等在智利南部利用沼泽泥炭中沉积的矿物颗粒和金属元素，结合泥炭的积累率和扫描电子显微镜观察追溯全新世浮尘沉积的特征，^{14}C断代表明，泥炭开始形成于11160年前；根据Ca、Mn和Ti的分布判断，浮尘持续了6000年，每年的沉积量为0.43±0.12 g/㎡；浮尘颗粒直径＜20 nm，呈圆形，表明是长距离大气迁移来的[147]。

Cortizas等利用西班牙西北部泥炭沼泽中埋藏的花粉和成岩元素（钾、钙、钛、铷、锶、钇、锆）恢复过去5300年的生态环境，成岩元素的通量代表浮尘的沉降量，与树木花粉的百分比成反比；揭示有文字记载以来，人类火灾使森林灭迹、侵蚀增加、浮尘增多[113]。

根据土壤表层物质和基岩风化物成分的对比，可以确定土壤物质的来源。加利福尼亚东南部的莫哈韦沙漠，面积约为6.5万km^2，由内华达山脉延伸至科罗拉多高原，年均降水量为130 mm；这里地层由两部分组成，上部是由细粒物质（主要是粉砂加黏粒）组成孤立的高丘，面积小；下部是当地大面积的基岩（砂岩）及风化物。研究表明，上部含钛的磁铁矿及其他磁性矿物组成、养分的含量都非常一致，而与当地的基岩、基岩风化物及当地尘土样品完全不同，说明各种来源的扬尘在大气运输过程中，进行了高度的混合，然后沉积在当地基岩及风化物表面[59, 148]。

Larrasoana等根据地中海967号海洋钻井获得的赤铁矿的含量，追溯浮尘进入地中海东部的历史，认为沉积物的赤铁矿含量可以作为萨赫勒浮尘供应量的指代物，结果表明，地中海东部沉积物中的赤铁矿来自阿尔及利亚东部、利比亚和位于撒哈拉中部分水岭以北的埃及西部低地，地中海的降尘量与季风锋面有关；在过去300万年里，这种季风向北反复渗透，其轨道岁差规模是在短轴3100千年、长轴3400千年的偏心率的时间尺度上调整；一个周期为341千年，该机制还涉及热带纬度的漂移[149]。

Wen Lingjuan等通过测定黄土高原的八个红土区域（晚第三纪中新世和上新纪地层）沉积物的粒径变化，结合测年，分析古沉积环境和风向[150]。Yamada等用气球运载的粒子撞击取样器收集敦煌西北地区自由对流层中的气溶胶粒子，再用电子显微镜观察粒子的形态和组成，结果显示，尘埃粒子主要由粗颗粒组成，富硅或富钙，富钙粒子数量与富硅粒子数量之比在不同季节和不同地区有差异[87]。Hema Achyuthan等对印度拉贾斯坦邦塔尔沙漠东缘的两个相邻盐湖的沉积物进行了研究，根据沉积物的粒径、有机质的含量及沉积物中石膏、方解石的变化结合碳同位素测年，确定古环境变迁和风成物质对湖积物形成的作用[151]。

磁化率（k）是一个容易测量的物理参数。表土中增强的磁化率（k）值在许多情况下与高浓度的土壤污染物（主要是重金属）有关系。在高污染区域，对表土进行高分辨率的磁筛分（调查）是探测出“点”污染的有效方法。Magiera等对位于上西里西亚中部污染较重的森林表土的磁化率进行了调查和测定，绘制了10 km或5 km栅格密度的两个研究区域（分别是200 km^{2}和100 km^2）的筛分图，用不同的栅格密度展现森林和农业区（耕地）高分辨率的磁化率。调查结果显示，森林表土k值高，污染重；耕地k值低，污染轻。对污染重的地区，应加大栅格密度[152]。通过测定土壤表层的等温剩余磁化强度（IRM），可确定浮尘的沉降量[153]。

磁化率的各向异性一直被用于确定中国黄土的古风向。Liu Ping等根据此特性在青藏高原东北缘，甘肃省临夏盆地龙担乡的一个剖面上，确定沉积物的来源，根据龙担剖面磁化率的各向异性特征分析，沉积层是由降尘形成的，并且最大磁化率的磁偏角显示古风向是偏向西北-东南的[154]。

埃及中部卡伦湖在撒哈拉沙漠附近，湖底沉积物中矿物的磁性可反映沉积环境，Foster等通过测定湖底不同深度36个样品的磁化率和剩余磁性，确定沉积物的来源，结果表明，大气降尘对卡伦湖的沉积速率可能贡献不大，湖底沉积物主要来自河流沉积[155]。

地衣是很好的生物监测器。Augusto等用地衣检测葡萄牙工业化和城市化发达地区的大气多氯二苯并二英和多氯二苯并呋喃沉淀物，取得了良好效果。具体做法是在城市、工业、森林和农业地区选60个点采集石黄衣（一种地衣），然后分析它的多氯二苯并二英和多氯二苯并呋喃、硫、氮、锌、铁、铬、铅、钴、镍、铜、钙、锰、镁和钾，再通过地统计学插值和主成分分析得到结果[156]。Freitas等用地衣监测浮尘，具体做法是把移植的梅衣属的槽梅衣悬挂在一个尼龙袋子里，然后把这个袋子放在一个以油电站为中心的15 km宽、25 km长、栅格面积为2.5 km×2.5 km区域里；在47个地方中，每一个地方都挂着四个移植了槽梅衣的袋子，组成两套，每一套都可以随着风向转动形成一个系统；其中一套总是向着风，而另一套则背着风；在九个月期间的每三个月，从各套中收集一个移植体（槽梅衣），并对这些移植体进行仪器中子活化分析和质子激光X射线荧光分析，他们确定了一些扬尘源[157]。

Ewan Taper利用降落在欧洲赤松松针上的浮尘颗粒追踪波兰南部西里西亚-克拉科夫伊恩矿区浮选尾矿池周围浮尘的迁移；他首先收集松针上的浮尘颗粒，然后用扫描电子显微镜和能量色散X射线显微分析仪分析颗粒的大小、形态以及主要的金属离子化合物的性质，判断其来源[158]。

Goossens利用风洞试验，测试了不同表面（水面、玻璃表面、金属表面、充满玻璃球的倒置的飞盘等）俘获1～104 nm直径颗粒的数量，与理论计算数据比较，结果显示，理论值不可靠[159]。浮尘颗粒的表面，受二次污染后，往往覆盖有害物质，危害更大，Andreas Krein等利用二次离子质谱-离子探针拍摄了微颗粒表面元素组成的图像，在铯的轰击下拍摄样品的离子影像，鉴别颗粒的有机物和无机物来源；研究结果表明，大气中的细尘是由多种有机化合物和无机化合物组成的一种复杂混合物；重金属固定在纳米尺度的大气颗粒中，并以热质点形式存在；有毒元素组成的热质点，危害肺组织[160]。

Gorka等在波兰西南部的弗罗茨瓦夫用被动收集器收集固态大气有机颗粒，然后测定其稳定碳同位素（$\delta^{13}C$），判定其来源[161]。

Yasui在宁夏沙坡头用极化弹性激光雷达观测浮尘的垂直分布和厚度[162]，用大容量过滤器收集大气颗粒物，同时将道路尘扫起、干燥和过筛；将这两种样本用二氯甲烷和甲醇的混合物（体积比3∶1）提取，超声波搅拌；然后提取物由层析柱和通过气相色谱-质谱的烷烃分离，总的提取物在硅烷化后也直接用气相色谱-质谱进行分析[84]。

目前，都采用集尘器（采样器）收集降尘或浮尘。Goossens等通过风洞试验研究了不同采样器（集尘器）的采样效果，结果表明，集尘器中收集的降尘比原来的浮尘更细，粒径差异达10%～20%，最高达40%；因此，他们认为，集尘器所收集的沉积物的颗粒直径不一定反映原始沉积物的特点[163]。

9 塔里木盆地浮尘的研究

Zheng等认为，塔里木盆地南部在上新世早期随着青藏高原的隆升开始沉积黄土，在上新世至更新世的阿图什和西域地层的粉砂岩夹层中形成风成的黄土层[164]。

根据帕米尔高原慕士塔格峰冰芯中浮尘样品的氧同位素比率分析结果，慕士塔格峰浮尘的主要来源是西亚（如伊朗—阿富汗高原）和中亚，浮尘高峰出现在5月至8月；而我国的浮尘高峰出现在3月至5月。亚洲尘涵盖的区域有日本、北太平洋和格陵兰岛[165]。

研究表明，50年来，新疆的气候逐渐由温暖-干燥型变化到温暖-湿润型[166]，关欣等在2001年提出塔里木盆地存在的局地环流，是当地浮尘发生的重要原因之一；随后Nobumitsu Tsunematsu等在2003年3月在塔克拉玛干沙漠北部用激光雷达进行了实地观测，证明局地环流存在，并且控制着浮尘的高度；他们认为，浮尘在对流层的高度有日变化，在海拔2500～5000 m之间波动，三天一个周期，与塔克拉玛干沙漠上空大气波动的周期一致，并且在对流层上部，北风盛行；同时，盆地风在对流层下部向天山山脉流动[167]。

Osamu Abe在2003年春季在天山南坡和昆仑山北坡沿东经80°线建立了4个自动气象站。昆仑山北坡的两个气象站是喀什塔什（海拔2800 m）和策勒（海拔1700 m），天山南坡的两个气象站是塔克拉克（海拔2400 m）和阿克苏（海拔1000 m）。结果发现，白天山坡能见度下降，在塔克拉克的积雪里有浮尘颗粒，说明浮尘降落到了山区[168]。

10 浮尘对作物影响的研究进展

在南非西南部塞德堡山脉附近，主要由石英砂岩地层组成，母质为石英砂岩，含少量的长石和云母，SiO_2含量超过98%，还含有3%～6%高岭石黏粒；养分十分贫乏，难以生长农作物；但是，这里却生长着丰富的凡波斯（也叫芳百氏，Fynbos），一种高山硬叶灌木群落，它们是开普植被区的主要植被；土壤的可溶性铅和锶的同位素分析和养分质量平衡计算结果表明，黏粒、钙、钾、磷、铁、锰、锌等养分来自降尘；降尘支撑着凡波斯群落的生物多样性，维持着当地的生态系统[169]。

在巴西，许多铁矿工业位于沿海的莱斯廷加地区，这里有一种沿海的生态系统，在铁尘的作用下，变得十分脆弱；试验结果证明，绒毛槐（毛苦参）接触铁尘后，发芽率降低，早期生长减慢，根部积累有毒的铁尘，根部抗性减弱；但是巴西胡椒木的发芽、根的忍耐力指数和初期生长不受铁尘的影响，显示了植物种类对铁污染物不同的抵抗力[170]。

Henn Parn在爱沙尼亚东北部的工业区研究了大气污染对苏格兰松树径向生长的影响，结果表明，浮尘和大气污染通过湿沉降对苏格兰松树径向生长有重要影响[171]。Samuel E. Kakulu在尼日利亚阿布贾用原子吸收分光光谱仪通过测定树皮和表土中镉、铜、铅、镍、锌等离子的浓度，研究大气中微量金属的输入量，他认为大气中的微量元素对树皮中元素浓度增高有影响；汽车尾气是金属元素的一个主要来源，因为与其他地区相比，铅和锌的浓度在高交通密度区是最高的[172]。

Prusty Bak等在印度奥里萨邦–森伯尔布尔地区国家高速公路旁调查了叶片中浮尘积累的季节性变化和混合生长的6种植物叶片色素的含量，研究所选择的植物是水黄皮（红树乔木）、夹竹桃科的马蹄花、旋花科番薯属的树牵牛、桑科榕属的菩提树、桑科榕属的孟加拉榕树和使君子，结果是随着高速公路上的车辆数量的增加，降尘量增加，降尘量和色素含量之间有着显著的负相关关系[173]。

Dongarra等分析了意大利西西里岛北段墨西拿镇夹竹桃叶片上的降尘，结果表明，降尘中含有铅、铂、钯、锑、金、溴、锌、铜、钼、镉等金属，在交通繁忙处，铅浓度特别高，还含次生来源的石膏和来自燃料燃烧产生的多孔的球形颗粒[174]。

在法国北部的莫尔塔涅·杜·诺德，有一个被遗弃的锌冶炼厂，从该厂废墟上吹起的浮尘，含大量重金属，污染周边的蔬菜，Francis Douay等分析了17份浮尘和38份蔬菜样本，结果表明，45%的蔬菜样本重金属含量超过欧洲食品临界值[76]。

Cao Hongfa认为，空气污染物（二氧化硫和氟化物）能降低作物的生长速度，减少5%～25%的产量。随着接触时间的增加，叶绿素含量减少，抑制光合作用，增加钾的流失，增加气孔阻力，增加呼吸作用和脯氨酸含量，增加过氧化物歧化酶和过氧化物酶的活性；二氧化硫伤害机制的初步研究结果表明，自由基参与了伤害过程[175]。

藤黄树是一种热带的景天酸代谢的树种，在巴西的湿地常见，在藤黄树的叶片上降落铁颗粒物后，光合作用率、气孔导度、蒸腾作用、有机酸积累、光系统Ⅱ潜在量子产量、日常景天酸代谢光合作用模式发生了改变；在接触铁固体颗粒物的植物叶片中，还观察到膜渗透性的相对增加，过氧化氢酶和过氧化物歧化酶活性降低；这些反应好像是由物理反应（例如叶温增加、光吸收降低、气孔阻塞）以及由于氧化胁迫引发的生化作用的结合[176]。

Ishii等在马来西亚普特拉大学校园，将两种水稻品种种植在相邻地块上有经木炭过滤空气和未经空气过滤的不同开放式育苗室内，研究空气污染对水稻的影响，结果是受污染的水稻减产6.3%，其主要原因是不育症增加[177]。不同的树木（乔木和灌木）持尘能力不同，有五类持尘方式[178]。在印度中央邦距雷瓦镇20 km的杰伊普拉卡什纳加尔，Kumar等研究了水泥粉尘对周围植物的影响，结果是水泥尘含有镍、钴、铅、铬等重金属，对植物产生危害[179]。

Branquinho等利用石黄衣研究采石场的石灰石、未铺砌的土路、沉降区和水泥厂四种浮尘源产生的浮尘对植物的影响，结果表明，地衣中的钙浓度是水泥尘、石灰石污染的指示器[180]。Loppi和Pirintsos调查了希腊北部和意大利中部的石灰石和砂岩采石场周围的附生地衣生长状况发现，靠近采石场周围的地衣均死亡，死亡数量随离采石场距离的增加而减少；相反，地衣植物的多样性增加，说明附生地衣用来监测浮尘污染是有效的[181]。

Hegazy在埃及东部沙漠研究了水泥窑浮尘对植物的影响，他根据离水泥窑不同距离选了四个研究点，调查了自然植被的变化、可萌发的土壤种子库和物种多样性，结果证明，随着离水泥尘源距离的增加，可萌发土壤种子库中所有生态型的种类呈增加倾向；植被、地面芽植物和地下芽植物的种子雨（种子雨是指在特定的时间和特定的空间从母株上散落的种子量，种子雨的组成和大小具有时空异质性，种子雨的空间异质性表现在种子雨的组成和大小因群落而异）、种子库受水泥窑浮尘的影响最严重；在所有物种的生活或生态型中，可萌发种子库受水泥尘的影响比种子雨大；多年生植物物种的多样性大于一年生植物，其比值随离水泥尘污染源的距离增加而不断增加；根据对水泥尘的反应，他们将研究区的植物种类分为四大类：（1）耐尘种；（2）非耐尘种；（3）中等耐尘种；（4）其他物种[182]。

Gale和Easton测定了位于石灰岩采石场下风处不同距离苍耳的光合作用、蒸腾作用、叶片光学特性和气孔扩散阻力，认为浮尘没有产生有害的影响，即使是靠近采石场的植物被浮尘严密地包裹也没有被影响；他们还比较了采石场开采前和采石开始22年之后的航拍照片，发现多年生树木和灌木植物的大小、数量或分布格局并没有变化；结论是，在地中海气候区，石灰岩尘尽管从美学的角度看十分讨厌，但对自然植被的生长并没有太大的影响[183]。

Nanos和Ilias将水泥粉尘撒在橄榄叶上，结果叶片干物质含量和单位质量的叶重随叶片上粉尘含量的增加而增加；水泥尘减少了叶片总的叶绿素含量和叶绿素a与叶绿素b的比率，光合速率和光量子产量下降；另外，叶片总的叶绿素含量和叶绿素a与叶绿素b的比率及气孔对H_2O和CO_2运动的传导减小，内部CO_2的浓度却保持不变，叶片温度增加；分析认为，叶绿素含量的变化可能是由降尘遮阴或光系统伤害引起的，气孔功能的变化可能是由浮尘在盾状叶之间的积累引起的或其他因素影响了气孔；结果表明，浮尘造成叶片实质上的生理变化，可能导致减小橄榄的生产力[184]。

爱沙尼亚的一个水泥厂排放碱性尘长达40年之久，造成附近土壤碱化，影响苏格兰松树的生长；对树冠、茎和树干的研究表明，被污染的树木高度降低，径向增量减小，边材年轮的宽度增加[185]。

据Malle Mandre在爱沙尼亚北部昆达港的测定，水泥厂附近的降尘pH为12.3～12.6，降落在树龄75～90年的挪威云杉上，造成养分含量的不平衡和木质素的增加；在被严重污染的云杉中，针叶中的钾、钙、硫和硼含量比较高，但是锰和氮的含量比较低；同时，针叶生长减少[186]。

采石场、采矿场和道路交通产生的浮尘对农作物、草原、石南荒原、树木、林地以及北极苔藓和地衣群落有各种影响，影响光合作用、呼吸作用、蒸腾作用和毒性气态污染物的渗透，导致生产力下降，群落结构改变[187]。

Lu等对杭州市区树叶上降尘中的重金属含量和磁性进行了分析，结果表明，浮尘含有高浓度的镉（2.62 mg/kg）、铜（63.7 mg/kg）、锌（535.9 mg/kg）和Pb（150.9 mg/kg）；降尘磁化率的范围在16×10^{-8} m^3/kg和856×10^{-8} m^3/kg之间；接近工业区和交叉路口树叶上的降尘具有较高的重金属含量和磁化率；浮尘颗粒主要由近球形、扁圆形、富含铁的团聚颗粒和富含钙、硫的硅酸盐颗粒组成；还发现球形氧化铁（直径0.2～0.5 nm）和较大的含铁颗粒是磁性载体；浮尘中的钙以碳酸钙和碳酸钙-硫酸钙混合物的形式存在；浮尘中富铁、富钙和富硫的颗粒，可能直接与附近的污染活动，如煤炭燃烧、交通和工业活动[188]。

Hu等在北京西部首钢附近调查了55种常绿树的树叶，发现叶面上含大量磁性矿物和重金属，磁性矿物主要是磁铁矿，叶面磁性参数和重金属（铁、铅、镉和锌）含量之间存在着显著的线性关系；磁性和重金属含量随距尘源距离增加而减小[189]。

树叶表面积累大气颗粒物，这些颗粒物中的一部分具有磁性，磁性粒子可以用来确定城市区大气尘的空间分布；据此，Davila等绘制了西班牙维哥市沿海区的大气污染物来源的图。法国梧桐树叶上铁、锌、镍、铅、铜的浓度与磁性粒子之间呈强的正相关关系，并与叶片上的剩余磁性有相关性，叶片上的磁性载体是氧化铁球粒，这表明这些重金属和磁性载体有着共同来源；锰和铬没有任何显著的相关性，锰可以作为树木的微量营养元素[190]。

Gautam分析了尼泊尔加德满都市含尘柏树、银桦树和桃金娘科的红瓶刷树等树叶的磁化率和重金属含量，凡是交通繁忙地段，树木叶片的磁化率就高，而且磁化率与重金属的含量之间有明显的线性关系；相关系数锌、铁、铬为0.8；锰、铜为0.7，铅、镍为0.6；磁性提取物的显微镜观察揭示，球粒来自车辆行驶过程排出的废气以及浮尘矿物，因此，磁化率可以作为金属污染的指示物，测定磁化率被推荐为城市的生物监测技术[191]。

近年来，磁性测量越来越多地被用来作为工业大气排放物中重金属含量的测定技术，Hanesch通过测定位于奥地利莱奥本工业城周围枫树片、槭树叶片浮尘的磁化率、等温剩磁（IRM）、S-比率和等温剩余磁性对磁化率的比值来检测工业污染程度[192]。

11 浮尘对冬小麦影响研究的进展

在法国北部有一个有100年历史的冶炼厂，在冶炼过程中产生了大量的粉尘排放到大气中，仅2002年铅的排放量就达17吨，锌的排放量为32吨，镉的排放量为1吨。由于污染太大，2003年3月工厂被关闭。Francis Douay研究了关闭前后粉尘对小麦生长的影响。他抽样选取了冶炼厂关闭之前的25个样品小麦成熟期样品，15个工厂关闭之后的小麦样品，进行对比分析。研究结果表明：小麦颗粒和秸秆中明显存在着大量的镉、铅金属粒子，而秸秆中的金属含量高于小麦颗粒中的金属含量。在冶炼过程中小麦颗粒中的Cd含量达到了0.8 mg/kg，Pb含量达到了8 mg/kg；而在秸秆中Cd含量最高达到了5 mg/kg，Pb含量达到了114 mg/kg。冶炼厂关闭后，他观察到小麦中的铅含量大大减小，而小麦中镉含量的降低程度则相对较小。尽管在这些方面有所改进，但根据欧洲立法价值观，由于镉含量超标，80%的小麦仍然不能进入消费市场[193]。

水泥对小麦叶片上的优势真菌群落有明显影响。随着环境中水泥尘浓度的增加（500、1000、1500、2000 mg/L），每平方厘米叶片上菌落的生长频率和数量都显著下降[194]。

12 措施、防治进展

国外用化学方法，研制扬尘抑制剂，在土壤上喷洒后抑制扬尘。但是，抑制剂分解后的一段时间，扬尘量更大[195]。

氯化钙和氯化镁可以抑制扬尘，保持土壤的稳定性；但是，氯化钙和氯化镁的溶液具有弱酸性，在酸性环境中不宜使用；此外，在潮湿的季节里，氯化钙和氯化镁很容易被水淋失，导致其他污染；因此，Chao Wu等提出，在氧化钙、氧化镁中，混入硅酸钠降低它们的酸性；据试验，该混合物能将浮尘与土壤黏在一起，降低扬尘，效果明显；因此，他们认为，硅酸钠与氯化物的混合物，是浮尘与土壤之间良好的黏合剂[196]。

为了防止道路的扬尘，Goodrich等研究了氯化镁作为抑制剂，但是，氯化镁对道路附近的植物有明显的伤害作用[197]。

注释

[1] 王江山.青海省生态环境监测系统[M].北京:气象出版社,2004.

[2] World Health Organization and Convention Task Force on the Health Aspects of Air Pollution. Health risks of particulate matter from long-range transboundary air pollution[R]. DK-2100 Copenhagen, Denmark, 2006.

[3] Kuvarega A T, Taru P. Ambiental dust speciation and metal content variation in TSP, PM_{10} and $PM_{2.5}$ in urban atmospheric air of Harare (Zimbabwe) [J]. Environ Monit Assess, 2008, 144: 1-14.

[4] 杨维荣,于岚.环境化学[M].2版.北京:高等教育出版社,1991:94-99.

[5] Analitis A, Katsouyanni K, Dimakopoulou K, et al. Short-term effects of ambient particles on cardiovascular and respiratory mortality[J]. Epidemiology, 2006, 17:230-233.

[6] Annesi-Maesano I, Forastiere F, Kunzli N, et al. Particulate matter, science and EU policy[J]. Eur Respir J, 2007, 29:428-431.

[7] 刘泽常,王志强,李敏,等.大气可吸入颗粒物研究进展[J].山东科技大学学报(自然科学版),2004,23(4):97-100.

[8] Makra L, Santa T, Matyasovszky I. Long-range transport of PM_{10}, Part1 [J]. Acta Climatologica Et Chorologica Universitatis Szegediensis, Tomus, 2009 (42/43): 97-106.

[9] Kuvarega A T, Taru P. Ambiental dust speciation and metal content variation in TSP, PM_{10} and $PM_{2.5}$ in urban atmospheric air of Harare (Zimbabwe) [J]. Environ

Monit Assess,2008,144(3):1-14.

[10] 国家环境保护局《空气和废气监测分析方法》编写组.空气和废气监测分析方法[M].北京:中国环境科学出版社,1990:235-292.

[11] Korcz M, Fudala J, Klis C. Estimation of Wind Blown Dust Emissions in Europe and Its Vicinity[J]. Atmospheric Environment,2009,43(7):1410-1420.

[12] Dale W, Griffi N, Christina A, et al. Dust in the wind: Long range transport of dust in the atmosphere and its implications for global public and ecosystem health[J]. Global Change & Human Health,2001(1):20-33.

[13] Cuesta J, Marsham J H, Parker D J, et al.Dynamical mechanisms controlling the vertical redistribution of dust and the thermodynamic structure of the West Saharan atmospheric boundary layer during summer[J]. Atmospheric science letters, 2009, 10 (1):34-42.

[14] Christina A, Kellogg, Dale W, et al. Characterization of Aerosolized Bacteria and Fungi from Desert Dust Events in Mali, West Africa[J]. Aerobiologia, 2004, 20: 99-10.

[15] Engelstaedter S, Washington R. Atmospheric controls on the annual cycle of North African dust[J]. Journal of Geophysical Research-Atmospheres, 2007, 112(D3). D03103, doi:10.1029/2006JD007195.

[16] Tchayi G M, Bertrand J, Legrand M, et al. Temporal and spatial variations of the atmospheric dust loading throughout West Africa over the last thirty years [J]. Annales Geophysicae, 1994, 12(2/3):265-273.

[17] Moreno T, Querol X, Castillo S, et al. Geochemical variations in aeolian mineral particles from the Sahara-Sahel Dust Corridor[J]. Chemosphere, 2006, 65(2): 261-270.

[18] Pierre O, Mohamed B O M L, Sidi O M L, et al. Estimation of air quality degradation due to Saharan dust at Nouakchott, Mauritania, from horizontal visibility data[J]. Water, Air, and Soil Pollution, 2006, 178:79-87.

[19] Joseph M P, Ilhan O, Michael A. Al and Fe in $PM_{2.5}$ and PM_{10} Suspended Particles in South-Central Florida: The Impact of the Long Range Transport of African Mineral Dust[J]. Water, Air, and Soil Pollution, 2001(125):291-317.

[20] Dale W G, Virginia H G, Jay R H, et al. African desert dust in the Caribbean atmosphere: Microbiology and public health[J]. Aerobiologia, 2001, 17:203-213.

[21] Carlos B, Ana I M. Saharan Dust over Italy. Simulations with Regional Air

Quality Model(BOLCHEM), NATO Science for Peace and Security Series C:Environmental Security, Air Pollution Modeling and Its Application XI X [M]. Netherlands: Springer, 2008:687-688.

[22] Jos-quereda S, Jorge O C, Enrique M C. Red dust rain within the spanish Mediterranean area[J]. Climatic Change, 1996, 32:215-228.

[23] Türkan Ö A. Cemal Saydam, Iron Speciation in Precipitation in the North-Eastern Mediterranean and Its Relationship with Sahara Dust [J]. Journal of Atmospheric Chemistry, 2001, 40:41-76.

[24] Robert V, Bertrand B, Mian C, et al. On the contribution of natural Aeolian sources to particulate matter concentrations in Europe: Testing hypotheses with a modeling approach[J]. Atmospheric Environment, 2005(39):3291-3303.

[25] Seiji S, Masataka N, Nobuo S, et al. Impact of meteorological fields and surface conditions on Asian dust. Plant Responses to Air Pollution and Global Change [J].Springer Japan, 2005(1): 271-276.

[26] Yang L R, Yue LP, Li Z P. The influence of dry lakebeds, degraded sandy grasslands and abandoned farmland in the arid inlands of northern China on the grain size distribution of East Asian aeolian dust[J]. Environ Geol, 2008, 53:1767-1775.

[27] Yan C Z, Zhou Y M, Song X, et al. Estimation of areas of sand and dust emission in the Hexi Corridor from a land cover database: an approach that combines remote sensing with GIS[J]. Environ Geol, 2009, 57:707-713.

[28] Yang X P, Liu Y S, Li C Z, et al. Rare earth elements of aeolian deposits in Northern China and their implications for determining the provenance of dust storms in Beijing[J].Geomorphology, 2007, 87(4):365-377.

[29] Chun Y, Ju-Yeon L. The recent characteristics of Asian dust and haze events in Seoul, Korea[J]. Meteorol Atmos Phys, 2004, 87:143-152.

[30] Lee S J, Park H, Choi S D, et al. Assessment of variations in atmospheric PCDD/Fs by Asian dust in southeastern Korea[J]. Atmospheric Environment, 2007, 41(28):5876-5886.

[31] Jin-Hong L, Jong-Myoung L, Ki-Hyun K. Instrumental neutron activation analysis of elemental compositions in particles collected during Asian Dust period[J]. Journal of Radioanalytical and Nuclear Chemistry, 2005, 263(3):667-673.

[32] Chung Y S, Kim H S, Park K H, et al. Atmospheric Loadings, Concentrations and Visibility Associated with Sandstorms: Satellite and Meteorological Analysis [J].

Water, Air, and Soil Pollution: Focus, 2003(3): 21-40.

[33] Fukuyama T, Fujiwara H. Contribution of Asian dust to atmospheric deposition of radioactive cesium (^{137}Cs) [J]. Science of the total environment, 2008, 405 (1-3): 389-395.

[34] Kisei K, Wang N, Zhang G, et al. Long-term Observation of Asian Dust in Changchun and Kagoshima[J]. Water, Air, and Soil Pollution: Focus, 2005(5): 89-100.

[35] Fujiwara H, Fukuyama T, Shirato Y, et al. Deposition of atmospheric ^{137}Cs in Japan associated with the Asian dust event of March 2002 [J]. Science of the total environment, 2007, 384(1-3): 306-315 .

[36] Yasuhito I, Michio A, Katsumi H, et al. What Anthropogenic Radionuclides (^{90}Sr and ^{137}Cs) in Atmospheric Deposition, Surface Soils and Aeolian Dusts Suggest for Dust Transport over Japan[J]. Water, Air, and Soil Pollution: Focus, 2005(5): 51-69.

[37] Mikami M, Shi G Y, Uno I, et al. Aeolian dust experiment on climate impact: An overview of Japan - China joint project ADEC [J]. Global and planetary change, 2006, 52(1-4): 142-172.

[38] Hartmann J, Kunimatsu T, Levy J K. The impact of Eurasian dust storms and anthropogenic emissions on atmospheric nutrient deposition rates in forested Japanese catchments and adjacent regional seas [J]. Global and Planetary Change, 2008, 61 (3/4): 117-134 .

[39] Mitsuo U, Robert A D, Joseph M P. Deposition of Atmospheric Mineral Particles in the North Pacific Ocean [J]. Journal of Atmospheric Chemistry, 1985 (3): 123-138.

[40] Kavouras I G, Etyemezian V, DuBois D W, et al. Source Reconciliation of Atmospheric Dust Causing Visibility Impairment in Class I Areas of the Western United States [J]. Journal of Geophysical Research-Atmospheres, 2009, 114, D02308, doi: 10.1029/2008JD009923.

[41] Chan Y, Grant M, John I, et al. Influence of the 23 October 2002 Dust Storm on the Air Quality of Four Australian Cities [J]. Water, Air, and Soil Pollution, 2005, 164: 329-348.

[42] Susan E T, Richard S B G, Keith M S, et al. Recognition and characterisation of the aeolian component in soils in the Girilambone Region, north western New South Wales, Australia[J]. Catena, 2007(69) : 122-133.

[43] Teresa M, Xavier Q, Sonia C, et al. Geochemical variations in aeolian mineral

particles from the Sahara - Sahel Dust Corridor[J]. Chemosphere,2006(65):261-270.

[44] Dayan U, Ziv B, Shoob T, et al. Suspended dust over southeastern Mediterranean and its relation to atmospheric circulations [J]. International Journal of Climatology,2008,28(7):915-924.

[45] Golitsyn G S, Granberg I G, Andronova A V, et al. Observation of boundary layer fine structure in arid regions[J]. Water, Air, and Soil Pollution: Focus, 2003, 3: 245-257.

[46] Visser S M, Sterk G, Karssenberg D. Wind erosion modelling in a Sahelian environment[J]. Environmental Modelling & Software,2005(20):69-84.

[47] Dirk G, Jens G. Similarities and dissimilarities between the dynamics of sand and dust during wind erosion of loamy sandy soil[J].Catena,2002(47):269-289.

[48] Jiang X G, Shen J G, Liu J T, et al. Numerical simulation of synoptic condition on a severe sand dust storm[J].Water, Air, and Soil Pollution: Focus, 2003 (3):191-212.

[49] Iwasaka Y, Shi G Y, Shen G Y, et al. Nature of atmospheric aerosols over the desert areas in the Asian continent: chemical state and number concentration of particles measured at dunhuang, China [J]. Water, Air, and Soil Pollution: Focus, 2003, 3: 129-145.

[50] Xing M, Guo L J. The dust emission law in the wind erosion process on soil surface[J]. Science in China Series G-Physics Mmechanics & Astronomy, 2009, 52, (2):258-269.

[51] Kimura R, Bai L, Wang J M. Relationships among dust outbreaks, vegetation cover, and surface soil water content on the loess plateau of China, 1999-2000 [J]. Catena,2009,77(3):292-296 .

[52] Cheryl M N. Effect of temperature and humidity upon the entrainment of sedimentary particles by wind[J]. Boundary-Layer Meteorology,2003,108:61-89.

[53] Song Y, Quan Z, Liu L, et al. The influence of different underlying surface on sand-dust storm in northern China[J]. Journal of Geographical Sciences,2005,15 (4): 431-438.

[54] Shulin L, Tao W, Guangting C, et al.Field investigation of surface sand and dust movement over different sandy grasslands in the Otindag Sandy Land China [J]. Environ Geol,2008,53:1225-1233.

[55] Mei F, Rajot J, Alfaro S, et al. Validating a dust production model by field

experiment in Mu Us Desert, China [J]. Chinese Science Bulletin, 2006, 51 (7) : 878-884.

[56] Elmore A J, Kaste J M, Okin G S, et al. Groundwater Influences on Atmospheric Dust Generation in Deserts [J]. Journal of Arid Environments, 2008, 79 (10): 1753-1765.

[57] Lee E H, Sohn B J. Examining the impact of wind and surface vegetation on the Asian dust occurrence over three classified source regions [J]. Journal of geophysical research-atmospheres, 2009, 114, D06205, doi: 10.1029/2008J.D010687.

[58] Reynolds R L, Reheis M, Yount J, et al. Composition of aeolian dust in natural traps on isolated surfaces of the central Mojave Desert - Insights to mixing, sources, and nutrient inputs [J]. Journal of arid environments, 2006, 66(1): 42-61.

[59] Goossens D. Aeolian deposition of dust over hills: the effect of dust grain size on the deposition pattern [J]. Earth Surface Processes and Landforms, 2006, 31 (6) : 762-776.

[60] Brenig L, Offer Z. Air bone particles dynamics: towards a theoretical approach [J]. Environmental Modeling and Assessment, 2001 (6) : 1-5.

[61] Li X Y, Liu L Y, Gao S Y, et al. Aeolian dust accumulation by rock fragment substrata: influence of number and textural composition of pebble layers on dust accumulation [J]. Soil & tillage research, 2005, 84(2): 139-144.

[62] Goossens D. Relationships between horizontal transport flux and vertical deposition flux during dry deposition of atmospheric dust particles [J]. Journal of geophysical research-earth surface, 2008, 113 (F2) : F02S13, doi: 10.1029 / 2007JF000775.

[63] Kaaden N, Massling A, Schladitz A, et al. State of mixing, shape factor, number size distribution, and hygroscopic growth of the Saharan anthropogenic and mineral dust aerosol at Tinfou, Morocco [J]. Tellus series b - chemical and physical meteorology, 2009, 61(1): 51-63.

[64] Pelig-ba K B, Parke A. Elemental contamination of rainwater by airborne dust in tamale township area of the northern region of ghana [J]. Environmental Geochemistry and Health, 2001, 23: 333-346.

[65] Kuvarega A T, Taru P. Ambiental dust speciation and metal content variation in TSP, PM_{10} and $PM_{2.5}$ in urban atmospheric air of Harare (Zimbabwe) [J]. Environmental Monitoring and Assessment, 2008, 144 (3): 1-14.

[66] Offer Z Y K. Temporal variations of airborne particle concentration in an arid region[J]. Environ Monit Assess, 2008, 146:285–293.

[67] Gomez E T, Sanfeliu T. Evolution, Sources and Distribution of Mineral Particles and Amorphous Phase of Atmospheric Aerosol in an Industrial and Mediterranean Coastal Area[J]. Water, Air, and Soil Pollution, 2005(167):311–330.

[68] Luciano M, Elena B, Ivano V, et al. Chemical composition of wet and dry atmospheric depositions in an urban environment: local, regional and long-range influences[J]. J Atmos Chem, 2008, 59:151–170.

[69] Rogora M. An overview of atmospheric deposition chemistry over the Alps: present status and long-term trends[J]. Hydrobiologia, 2006(562):17–40.

[70] Anne T, Maria S, Peter W. Atmospheric deposition on swiss long-term forest ecosystem research (lwf) plots [J]. Environmental Monitoring and Assessment, 2005 (104):81–118.

[71] Vanderstraeten Y, Lénelle A, Meurrens D C, et al. Temporal variations of airborne particles concentration in the Brussels environment[J]. Environ Monit Assess, 2007, 132:253–262.

[72] Ozcan H K, Demir G, Nemlioglu S, et al. Heavy metal concentrations of atmospheric ambient deposition dust in Istanbul-Bosphorus Bridge tollhouses [J]. Journal of residuals science & technology, 2007, 4(1):55–59.

[73] Stefan N, Doris S. Trace element patterns and seasonal variability of dust precipitation in a lowpolluted city – the example of karlsruhe / germany [J]. Environmental Monitoring and Assessment, 2004, 93:203–228.

[74] Dimitrios S, Andreas G, Nestoras K. Impact of Free Calcium Oxide Content of Fly Ash on Dust and Sulfur Dioxide Emissions in a Lignite-Fired Power Plant[J]. Air & Waste Manage Assoc, 2005, 55:1042–1049.

[75] Francis D, Hélène R, Hervé F, et al. Investigation of Heavy Metal Concentrations on Urban Soils, Dust and Vegetables Nearby a Former Smelter Site in Mortagne du Nord, Northern France[J]. J Soils Sediments, 2007, 7(3): 143–146.

[76] Teresa A, Anthony O, Iain M, et al. Preferential Fractionation of Trace Metals-Metalloids into PM_{10} Resuspended from Contaminated Gold Mine Tailings at Rodalquilar, Spain[J]. Water, Air, and Soil Pollution, 2007, 179:93–105.

[77] Hladil J, Strnad L, Salek M, et al. An anomalous atmospheric dust deposition event over Central Europe, 24 March 2007, and fingerprinting of the SE Ukrainian

source[J]. Bulletin of geosciences,2008,83(2):175-206.

[78] Tondera A, Jablonska M, Janeczek J. Mineral composition of atmospheric dust in Biebrza National Park,Poland[J]. Polish journal of environmental studies,2007, 16 (3):453-458.

[79] Manisha T, Manas K D. Lead levels in the airborne dust particulates of an urban city of central india[J]. Environmental Monitoring and Assessment, 2000, 62: 305-316.

[80] Bhagia L J.Non-occupational exposure to silica dust in vicinity of slate pencil industry,India[J]. Environ Monit Assess,2009,151:477-482.

[81] Manisha T,Manas K D. Load of heavy metals in the airborne dust particulates of an urban city of central india[J]. Environmental Monitoring and Assessment, 2004, 95:257-268.

[82] Faruque A. Environmental assessment of Dhaka City (Bangladesh) based on trace metal contents in road dusts[J]. Environ Geol,2007,51:975-985.

[83] Nasr Y M J O M R B A,Noorsaadah A R N M T. Levels and distributions of organic source tracers in air and roadside dust particles of Kuala Lumpur,Malaysia[J]. Environ Geol,2007,52:1485-1500.

[84] Abdul S C,Darryl H. Distribution of vehicular lead in roadside soils of major roads of Brisbane,Australia[J]. Water,Air,and Soil Pollution,2000,118:299-310.

[85] Feng Q. Dust storms in China:a case study of dust storm variation and dust characteristics[J]. Bull Eng Geol Env,2002,61:253-261.

[86] Yamada. Feature of Dust Particles in the Spring Free Troposphere over Dunhuang in Northwestern China: Electron Microscopic Experiments on Individual Particles Collected with a Balloon-Borne Impactor[J]. Water, Air, and Soil Pollution: Focus,2005(5):231-250.

[87] Hoffmann C, Funk R, Sommer M, et al. Temporal Variations in PM_{10} and Particle Size Distribution during Asian Dust Storms in Inner Mongolia[J]. Atmospheric Environment,2008,42(36):8422-8431.

[88] Chun-xing H, Chun-shin Y, Guang-tong L, et al. Research on the Components of Dust Fall in Hohhot in Comparison with Surface Soil Components in Different Lands of Inner Mongolia Plateau[J]. Water,Air,and Soil Pollution,2008,190: 27-34.

[89] Xie S, Zhang Y, Tang X. Characteristics of Air Pollution in Beijing during

Sand-dust Storm Periods[J]. Water, Air, and Soil Pollution: Focus, 2005, 5: 217-229.

[90] Han L H, Zhuang G S, Cheng S Y, et al. Characteristics of re-suspended road dust and its impact on the atmospheric environment in Beijing [J]. Atmospheric Environment, 2007, 41(35): 7485-7499.

[91] Li W J, Shao L Y. Observation of nitrate coatings on atmospheric mineral dust particles[J]. Atmospheric chemistry and physics, 2009, 9(6): 1863-1871.

[92] Yang M, Howell S, Zhuang J, et al. Attribution of aerosol light absorption to black carbon, brown carbon, and dust in China - interpretations of atmospheric measurements during EAST-AIRE [J]. Atmospheric chemistry and physics, 2009, 9(6): 2035-2050.

[93] De-Gao W, Meng Y, Hong-Liang, et al. Polycyclic Aromatic Hydrocarbons in Urban Street Dust and Surface Soil: Comparisons of Concentration, Profile, and Source [J]. Arch Environ Contam Toxicol, 2009(56): 173-180.

[94] Ganzei L A. Composition of Sand Storm Particles in the Southern Far East [J]. Lithology and Mineral Resources, 2006, 41(3): 215-221.

[95] Andreas K, Jean-Nicolas A, Henry-Noël M. Facing Hazardous Matter in Atmospheric Particles with NanoSIMS[J]. Env Sci Pollut Res, 2007, 14(1): 3-4.

[96] Gibson E R, Gierlus K M, Hudson P K, et al. Generation of internally mixed insoluble and soluble aerosol particles to investigate the impact of atmospheric aging and heterogeneous processing on the CCN activity of mineral dust aerosol[J]. Aerosol science and technology, 2007, 41(10): 914-924.

[97] Glenn D, Myron P G. Blowin' down the road: Investigating bilateral causality between dust storms and population in the Great Plains [J]. Population Research and Policy Review, 2003(22): 297-331.

[98] Christina N H, Si-Chee T. Impact of Saharan Dust on Tropical Cyclogenesis. Nucleation and Atmospheric Aerosols[J]. Springer Netherlands, 2008(3): 501-502.

[99] Yoshioka M, Mahowald N M, Conley A J, et al. Impact of desert dust radiative forcing on Sahel precipitation: Relative importance of dust compared to sea surface temperature variations, vegetation changes, and greenhouse gas warming[J]. Journal of climate, 2007, 20(8): 1445-1467.

[100] Mannava V K S, Raymond P M, Haripada P D. Impacts of Sand Storms/Dust Storms on Agriculture (Impacts and Mitigation). Natural Disasters and Extreme Events in Agriculture[J]. Springer Berlin Heidelberg, 2005(7): 159-177.

[101] Liu M, Wei W. The possible pivotal role of the eastward dust transport from Central Asia in the global temperature decrease[J]. Chinese Science Bulletin, 2006, 51 (1):1-7.

[102] Satheesh S K, Dutt C B S, Srinivasan J, et al. Atmospheric warming due to dust absorption over Afro-Asian regions[J]. Geophysical research letters, 2007, 34(4): L04805, doi:10.1029/2006GL028623.

[103] Otto S, de Reus M, Trautmann T, et al. Atmospheric radiative effects of an *in situ* measured Saharan dust plume and the role of large particles [J]. Atmospheric chemistry and physics, 2007, 7(18):4887-4903.

[104] Elvira P, Isabel R, Rafael M. Evidence of an atmospheric forcing on bacterioplankton and phytoplankton dynamics in a highmountain lake[J]. Aquat Sci, 2008(70) :1-9.

[105] Biegalski S R. Correlations between atmospheric aerosol trace element concentrations and red tide at Port Aransas, Texas, on the Gulf of Mexico[J]. Journal of Radioanalytical and Nuclear Chemistry, 2005, 263(3):767-772.

[106] Kelsy A A, John A. Dry and wet atmospheric deposition of nitrogen, phosphorus and silicon in an agricultural region[J]. Water, Air, and Soil Pollution, 2006 (176):351-374.

[107] Seigen T, Masahito S, Yunosuke H, et. al. Atmospheric phosphorus deposition in Ashiu, Central Japan - source apportionment for the estimation of true input to a terrestrial ecosystem[J]. Biogeochemistry, 2006(77):117-138.

[108] Reynolds R, Neff J, Reheis M. Atmospheric dust in modern soil on aeolian sandstone, Colorado Plateau (USA): Variation with landscape position and contribution to potential plant nutrients[J]. Geoderma, 2006, 150(1-2):108-123.

[109] Richard R, Jayne B, Marith R, et al. Aeolian dust in Colorado Plateau soils: Nutrient inputs and recent change in source[J]. PNAS, 2001, 98(13):7123-7127.

[110] Todd R W, Guo W X, Stewart B A. Vegetation, phosphorus, and dust gradients downwind from a cattle feedyard[J]. Journal of range management, 2004, 57 (3):291-299.

[111] Füsun G, Esin E. The effects of heavy metal pollution on enzyme activities and basal soil respiration of roadside soils [J]. Environ Monit Assess, 2008, 145: 127-133.

[112] Cortizas A M, Mighall T, Pombal X P, et al. Linking changes in atmospheric

dust deposition, vegetation change and human activities in northwest Spain during the last 5300 years[J]. Holocene, 2005, 15(5): 698-706.

[113] Zheng Z, Cour P, Huang C X, et al. Dust pollen distribution on a continental scale and its relation to present-day vegetation along north-south transects in east China [J]. Science in china series d - earth sciences, 2007, 50(2): 236-246.

[114] Abdel-Mohsen O M, Kareem M E. Bassouni, Externalities of Fugitive Dust [J]. Environ Monit Assess, 2007, 130: 83-98.

[115] Andreas K, Jean-Nicolas A, Henry-Noël M. Facing Hazardous Matter in Atmospheric Particles with NanoSIMS[J]. Env Sci Pollut Res, 2007, 14(1): 3-4.

[116] Green D A, McAlpine G, Semple S, et al. Mineral dust exposure in young Indian adults: an effect on lung growth[J]. Occupational and environmental medicine, 2008, 65(5): 306-310.

[117] Gospodinka P, Pavlina G, Emil S, et al. Serum neopterin in workers exposed to inorganic dust containing free crystalline silicon dioxide[J]. Cent Eur J Med, 2009, 4 (1): 104-109.

[118] Charles S, Zender J T. Climate controls on valley fever incidence in Kern County, California[J]. Int J Biometeorol, 2006, 50: 174-182.

[119] Joseph M P, Edmund B, Raana N, et al. Relationship between African dust carried in the Atlantic trade winds and surges in pediatric asthma attendances in the Caribbean[J]. Int J Biometeorol, 2008, 52: 823-832.

[120] Dale W G, Christina A K, Virginia H G, et al. Atmospheric microbiology in the northern Caribbean during African dust events[J]. Aerobiologia, 2003, 19: 143-157.

[121] Christina A K, Dale W G, Virginia H G, et al. Characterization of Aerosolized Bacteria and Fungi from Desert Dust Events in Mali, West Africa [J]. Aerobiologia, 2004, 20: 99-110.

[122] Pnina S, Yaacov Me, Isabella G. Transport of microorganisms to Israel during Saharan dust events[J]. Aerobiologia, 2006, 22: 259-273.

[123] Aisha A T. Air-borne fungi at Doha, Qatar [J]. Aerobiologia, 2002, 18: 175-183.

[124] Iwasaka Y. Mixture of Kosa (Asian dust) and bioaerosols detected in the atmosphere over the Kosa particles source regions with balloon-borne measurements: possibility of long-range transport[J]. Air Qual Atmos Health, 2009, 2: 29-38.

[125] Ngoc-Phuc H, Fumihisa K, Yasunobu I, et al. Detailed identification of

desert-originated bacteria carried by Asian dust storms to Japan[J]. Aerobiologia, 2007 (23):291-298.

[126] Marit A S, Wijnand E, Fredrik C O. In airborne dust and fungal conidia[J]. Mycopathologia, 2000, 151:93-98.

[127] Coghlan A. Tellate DNA leaves its mark in household dust [J]. New scientist, 2008, 198(2658):16-16.

[128] Lee Y H, Chen K, Adams P J. Development of a Global Model of Mineral Dust Aerosol Microphysics[J]. Atmospheric Chemistry and Physics, 2009, 9(7):2441-2458.

[129] Kim J, Jung C H, Choi B C, et al. Number size distribution of atmospheric aerosols during ACE-Asia dust and precipitation events[J]. Atmospheric environment, 2007, 41(23):4841-4855.

[130] Shaw P. Application of aerosol speciation data as an *in situ* dust proxy for validation of the Dust Regional Atmospheric Model (DREAM) [J]. Atmospheric environment, 2008, 42(31):7304-7309.

[131] Gregory J M. TEAM: integrated, process-based wind-erosion model [J]. Environmental Modelling & Software, 2004(19):205-215.

[132] Lee J A, Gill T E, Mulligan K R, et al. Land Use/Land Cover and Point Sources of the 15 December 2003 Dust Storm in Southwestern North America [J]. Geomorphology, 2009, 105(1-2):18-27.

[133] Kavouras I G, Etyemezian V, DuBois D W. Development of a Geospatial Screening Tool to Identify Source Areas of Windblown Dust [J]. Environmental Modelling & Software, 2009, 24(8):1003-1011.

[134] Yan C Z. Estimation of areas of sand and dust emission in the Hexi Corridor from a land cover database: an approach that combines remote sensing with GIS [J]. Environ Geol, 2009, 57:707-713.

[135] Sanchez-Cabeza J A, Garcia-Talavera M, Costa E P V, et al. Regional calibration of erosion radiotracers (^{210}Pb and 137Cs) : atmospheric fluxes to soils (Northern Spain) [J]. Environmental Science & Technology, 2007, 41(4):1324-1330.

[136] Osaki S. Mixing of atmospheric ^{210}Pb and ^{7}Be and ^{137}Cs and ^{90}Sr fission products in four characteristic soil types [J]. Journal of Radioanalytical and Nuclear Chemistry, 2007, 272(1):135-140.

[137] Mingrui Q, Fahu C, Jiawu Z. Grain size in sediments from Lake Sugan: a

possible linkage to dust storm events at the northern margin of the Qinghai-Tibetan Plateau[J]. Environ Geol,2007(51):1229-1238.

[138] Chen B, Kitagawa H, Jie D M. Dust transport from northeastern China inferred from carbon isotopes of atmospheric dust carbonate [J]. Atmospheric Environment,2008,42(19) :4790-4796.

[139] Xiaodong M, Joseph A M, William C J. High-resolution proxy record of Holocene climate from a loess section in Southwestern Nebraska USA [J]. Palaeogeography,Palaeoclimatology,Palaeoecology,2007(245):368-381.

[140] Rao W, Yang J, Chen J. Sr-Nd isotope geochemistry of eolian dust of the arid-semiarid areas in China:Implications for loess provenance and monsoon evolution [J]. Chinese Science Bulletin,2006,51(12):1401-1412.

[141] Martinez T. Application of Lead Isotopic Ratios in Atmospheric Pollution Studies in the Valley of Mexico [J]. Journal of Atmospheric Chemistry, 2004 (49) : 415-424.

[142] Delmonte B. Dust size evidence for opposite regional atmospheric circulation changes over east Antarctica during the last climatic transition [J]. Climate Dynamics,2004,23:427-438.

[143] Wu G, Yao T, Xu B, Li Zheng. Grain size record of microparticles in the Muztagata ice core [J]. Science in China (Series D) : Earth Sciences, 2006, 49 (1) : 10-17.

[144] Hutterli M A. The influence of regional circulation patterns on wet and dry mineral dust and sea salt deposition over Greenland[J]. Clim Dyn,2007(28):635-647.

[145] Wang N. Decrease trend of dust event frequency over the past 200 years recorded in the Malan ice core from the northern Tibetan Plateau [J]. Chinese Science Bulletin,2005,50(24):2866-2871.

[146] Yang Y, Li B, Qiu S, et al. Climatic Changes Indicated by Trace Elements in the Chagelebulu Stratigraphic Section, Badain Jaran Desert, China. since 150 kyr B.P. [J]. Geochemistry International,2008,46(1):96-103.

[147] Sapkota A, Cheburkin A K, Bonani G, et al. Six millennia of atmospheric dust deposition in southern South America (Isla Navarino, Chile) [J]. Holocene,2007, 17(5):561-572.

[148] Reynolds R L, Reheis M, Yount J, et al. Composition of aeolian dust in natural traps on isolated surfaces of the central Mojave Desert — Insights to mixing,

sources, and nutrient inputs[J]. Journal of Arid Environments, 2006(66): 42-61.

[149] Larrasoana J C, Roberts A P, Rohling E J, et al. Three million years of monsoon variability over the northern Sahara [J]. Climate Dynamics, 2003 (21): 689-698.

[150] Wen L, Lu H, Qiang X. Changes in Grain-size and Sedimentation Rate of the Neogene Red Clay Deposits along the Chinese Loess Plateau and Implications for the Palaeowind System[J]. Science in China(Serics D): Earth Sciences, 2005, 48(9): 1452-1462.

[151] Hema A, Amal K, Chris E. Quaternary-Holocene lake-level changes in the eastern margin of the Thar Desert[J]. India J Paleolimnol, 2007, 38: 493-507.

[152] Magiera T, Zawadzki J. Using of high-resolution topsoil magnetic screening for assessment of dust deposition: comparison of forest and arable soil datasets [J]. Environ Monit Assess, 2007, 125: 19-28.

[153] Richard T, Jason N, Marith E, et al. Atmospheric dust in modern soil on aeolian sandstone, Colorado Plateau (USA): Variation with landscape position and contribution to potential plant nutrients[J]. Geoderma, 2006(130): 108-123.

[154] Liu P, Jin C, Zhang Song, et al. Magnetic fabric of early Quaternary loess-paleosols of Longdan Profile in Gansu Province and the reconstruction of the paleowind directions[J]. Chinese Science Bulletin, 2008, 53(9): 1450-1452.

[155] Foster I D L, Oldfield F, Flower R J K. Mineral magnetic signatures in a long core from Lake Qarun, Middle Egypt[J]. J Paleolimnol, 2008, 40: 835-849.

[156] Augusto S, Pinho P, Branquinho C, et al. Atmospheric Dioxin and Furan Deposition in Relation to Land-Use and Other Pollutants: A Survey with Lichens [J]. Journal of Atmospheric Chemistry, 2004, 49: 53-65.

[157] Freitas M C, Reis M A, Marques H T W. Use of Lichen Transplants in Atmospheric Deposition Studies[J]. Journal of Radioanalytical and Nuclear Chemistry, 2001, 249(2): 307-315.

[158] Ewan T. Dust-particle migration around flotation tailings ponds: pine needles as passive samplers[J]. Environ Monit Assess, 2008(5A): 2-7.

[159] Goossens D. Quantification of the dry aeolian deposition of dust on horizontal surfaces: an experimental comparison of theory and measurements [J]. Sedimentology, 2005, 52(4): 859-873 .

[160] Andreas K, Jean-Nicolas, Henry-Noël M. Facing Hazardous Matter in

Atmospheric Particles with NanoSIMS[J]. Env Sci Pollut Res,2007,14 (1):3-4.

[161] Gorka M,Jedrysek M O. Delta C-13 of organic atmospheric dust deposited in Wroclaw (SW Poland) : critical remarks on the passive method [J]. Geological Quarterly,2008,113(2):115-126.

[162] Yasui M, Zhou J X, Liu L C, et al. Vertical profiles of aeolian dust in a desert atmosphere observed using lidar in Shapotou, China [J]. Journal of the meteorological society of Japan,2005(83A):149-171.

[163] Goossens D. Bias in grain size distribution of deposited atmospheric dust due to the collection of particles in sediment catchers[J]. Catena,2007,70(1):16-24.

[164] Zheng H, Chen H, Cao J. Palaeoenvironmental implication of the Plio-Pleistocene loess deposits in southern Tarim Basin[J].Chinese Science Bulletin,2002, 47(8):700-704.

[165] Wu G, Yao T, Xu B, et al. Seasonal variations of dust record in the Muztagata ice cores[J]. Chinese Science Bulletin,2008,53(16):2506-2512.

[166] Wei W,Zhou H,Shi Y,et al. Climatic and Environmental Changes in the Source Areas of Dust Storms in Xinjiang,China,during the Last 50 Years[J]. Water, Air,and Soil Pollution:Focus,2005(5):207-216.

[167] Nobumitsu T,Kenji K,Takuya M. The Influence of Synoptic-Scale Air Flow and Local Circulation on the Dust Layer Height in the North of the Taklimakan Desert [J]. Water,Air,and Soil Pollution:Focus,2005(5):175-193.

[168] Osamu A,Wenshou W,Masao M,et al. Local Circulation with Aeolian Dust on the Slopes and Foot Areas of the Tianshan and Kunlun Mountains around the Taklimakan Desert,China[J]. Water,Air,and Soil Pollution:Focus,2005,5:3-13.

[169] Keir S,John S C. Dust as a Nutrient Source for Fynbos Ecosystems,South Africa[J]. Ecosystems,2007(10):550-561.

[170] Kuki K N,Oliva M A,Costa A C. The Simulated Effects of Iron Dust and Acidity during the Early Stages of Establishment of Two Coastal Plant Species [J]. Water,Air,and Soil Pollution,2009,196:287-295.

[171] Henn P. Radial growth response of scots pine to climate under dust pollution in northeast Estonia[J]. Water,Air,and Soil Pollution,2003(144):343-361.

[172] Samuel E K. Trace metal concentration in roadside surface soil and tree back:a measurement of local atmospheric pollution in Abuja,Nigeria[J]. Environmental Monitoring and Assessment,2003,89:233-242.

[173] Prusty B A K, Mishra P C, Azeez P A. Dust accumulation and leaf pigment content in vegetation near the national highway at Sambalpur, Orissa, India [J]. Ecotoxicology and environmental safety, 2005, 60(2): 228–235.

[174] Dongarra G, Sabatino G, Triscari M, et al. The effects of anthropogenic particulate emissions on roadway dust and Nerium oleander leaves in Messina (Sicily, Italy) [J]. Journal of environmental monitoring, 2003, 5(5): 766–773.

[175] Cao H. Air Pollution and Its Effects on Plants in China [J]. Journal of Applied Ecology, 1989, 26: 763–773.

[176] Eduardo G Pa, Marco A O, Kacilda N K, et al. Photosynthetic changes and oxidative stress caused by iron ore dust deposition in the tropical CAM tree Clusia hilariana[J]. Trees, 2009, 23: 277–285.

[177] Ishii S, Marshall F M , Bell J N B, et al. Impact of ambient air pollution on locally grown rice cultivars (Oryza satival L.) in Malaysia [J]. Water, Air, and Soil Pollution, 2004, 154: 187–201.

[178] Kretinin V M, Selyanina Z M. Dust retention by tree and shrub leaves and its accumulation in light chestnut soils under forest shelterbelts [J]. Eurasian soil science, 2006, 39(3): 334–338.

[179] Kumar S S, Singh N A, Kumar V, et al. Impact of dust emission on plant vegetation in the vicinity of cement plant [J]. Environmental engineering and management journal, 2008, 7(1): 31–35.

[180] Branquinho C, Gaio-Oliveira G, Augusto S, et al. Biomonitoring spatial and temporal impact of atmospheric dust from a cement industry [J]. Environmental pollution, 2008, 151(2): 292–299.

[181] Loppi S, Pirintsos S A. Effect of dust on epiphytic lichen vegetation in the Mediterranean area (Italy and Greece) [J]. Israel journal of plant sciences, 2000, 48 (2): 91–95.

[182] Hegazy A K. Effects of cement-kiln dust pollution on the vegetation and seed-bank species diversity in the eastern desert of Egypt[J]. Environmental conservation, 1996, 23(3): 249–258.

[183] Gale J, Easton J. The effect of limestone dust on vegetation in an area with a Mediterranean climate[J]. Environmental pollution, 1979, 19(2): 89–101.

[184] Nanos G D, Ilias I F. Effects of inert dust on olive (*Olea europaea L.*) leaf physiological parameters [J]. Environmental science and pollution research, 2007, 14

(3):212-214.

[185] Malle M, Regino K. Assessment of growth and stem wood quality of Scots pine on territory influenced by alkaline industrial dust[J]. Environ Monit Assess, 2008, 138:51-63.

[186] Malle M. Relationships between lignin and nutrients in picea abies l. under alkaline air pollution[J]. Water, Air, and Soil Pollution, 2002, 133:361-377.

[187] FARMER AM. The effects of dust on vegetation - A review [J]. Environmental pollution, 1993, 79(1):63-75.

[188] Lu S G, Zheng Y W, Bai S Q. A HRTEM/EDX approach to identification of the source of dust particles on urban tree leaves[J]. Atmospheric environment, 2008, 42(26):6431-6441.

[189] Hu S Y, Duan X M, Shen M J, et al. Magnetic response to atmospheric heavy metal pollution recorded by dust-loaded leaves in Shougang industrial area, western Beijing[J]. Chinese science bulletin, 2008, 53(10):1555-1564.

[190] Davila A F, Rey D, Mohamed K, et al. Mapping the sources of urban dust in a coastal environment by measuring magnetic parameters of Platanus hispanica leaves [J]. Environmental science & technology, 2006, 40(12):3922-3928.

[191] Gautam P, Blaha U, Appel E. Magnetic susceptibility of dust-loaded leaves as a proxy of traffic-related heavy metal pollution in Kathmandu city, Nepal[J]. Atmospheric environment, 2005, 39(12):2201-2211.

[192] Hanesch M, Scholger R, Rey D. Mapping dust distribution around an industrial site by measuring magnetic parameters of tree leaves [J]. Atmospheric environment. 2003, 37(36):5125-5133.

[193] Francis D, Hélène R, Christelle P, et al. Impact of a smelter closedown on metal contents of wheat cultivated in the neighbourhood[J]. Env Sci Pollut Res, 2008, 15(2):162-169.

[194] Singh K, Bharat R. Effect of cement dust treatment on some phylloplane fungi of wheat[J]. Water, Air, and Soil Pollution, 1990, 49:349-354.

[195] Kavouras I G, Etyemezian V, Nikolich G, et al. A New Technique for Characterizing the Efficacy of Fugitive Dust Suppressants [J]. Journal of the Air & Waste Management Association, 2009, 59(5):603-612.

[196] Chao Wu, Bo Z. Test of Chlorides Mixed with CaO, MgO, and Sodium Silicate for Dust Control and Soil Stabilization [J]. Journal of materials in civil

engineering,2007(1):10–14.

[197] Goodrich B A, Koski R D, Jacobi W R. Condition of Soils and Vegetation Along Roads Treated with Magnesium Chloride for Dust Suppression[J]. Water, Air, and Soil Pollution,2009,198(1–4):165–188.

第二章　材料与方法

研究方法包括资料分析、实地调查、野外定位试验、模拟试验、室内测试、理化分析等。

1　野外实地调查

收集供试区气候、土壤、浮尘、沙尘暴、风、降水、风蚀等资料，选择调查路线。实地调查了库尔勒、轮台、库车、新和、阿克苏、阿拉尔、乌什、莎车、叶城、皮山、和田、于田、尉犁、铁干里克等地，了解当地的气候、地形、土壤、地质、母质、农业等状况，特别是对浮尘天气发生的时间、频率、风向、风力和浮尘对冬小麦生长的影响进行了实地调查，收集了部分资料。

在普遍了解的基础上，对重点区域和线路进行了考察。考察的重点线路为盆地中心→扇缘地带→洪积扇→低山带（天山和昆仑山），了解浮尘的区域分布和变化。

2　野外定位试验

2.1　建立野外试验点

利用已有资料、图件、成果，结合实地调查，确定野外定位试验点。经分析比较，确定了和田、尉犁、铁干里克三个试验点。和田是全国浮尘最严重的地区，年均浮尘日数为216.1天，4—8月降尘量为9129～9621 kg/hm^2。同时，和田还是新疆冬小麦和棉花的主产区。作者与和田、尉犁、铁干里克等地的气象局（站）合作，在气象站和附近农田建立了观测点和试验点，开展五方面的观测和研究：浮尘及相关气象要素观测；浮尘的收集；风蚀观测；降尘对土壤的影响；在浮尘环境中冬小麦的生长、发育状况。

2.2 野外观测

对三个试验点的太阳辐射、大风、扬沙、浮尘、沙尘暴、降水、地表温度和气温等进行了动态观测，时间为2003年6月至2006年12月。对个别浮尘天气过程进行了连续动态观测。

2.3 风蚀观测和土柱试验

该试验连续进行多年（见图2-1），是国家自然科学基金研究内容的一部分，这里不赘述。

2.4 浮尘的收集

（1）湿法收集

将集尘缸（内径15 cm、高30 cm）内加入一定量的乙二醇水溶液，以抑制微生物生长，防止降尘被吹出，始终保持缸内水分。将三个缸分别固定在70 cm、180 cm和10 m的高度，每月月底（30日）更换一次集尘缸。为保证安全和准确，要安排重复。

（2）干法收集

集尘缸设计：集尘缸为圆形，内径20 cm，高70 cm，分两部分，紧密套接，可拆卸。上部长50 cm，内部为锥形漏斗，锥部为3 cm的孔，可防止落入的灰尘逸出；下部长20 cm，储存降尘（图2-2）。将集尘缸用铁架固定，分别置于离地面70 cm、180 cm和10 m高的空地处，通过滑轮可方便取样（见图2-1）。每次浮尘天气过程结束后，立即收集降尘；每月30日（大月31日）收集浮尘样品一次。由于供试区极端干燥，蒸发量大，故同时采用干法收集。

（3）浮尘成分比较

制作特定集尘缸，如图2-3放置在田间冬小麦高度，定期收集大气降尘；同时收集冬小麦叶面的降尘，比较两种降尘成分的差异。通过取样，确定在叶面和花器上浮尘的分布、数量等。

图2-1　和田和铁干里克的降尘、土柱和风蚀试验

Fig. 2-1　The tests on dust-fall，earth-pillars and wind erosion in Hotan and Tieganlike

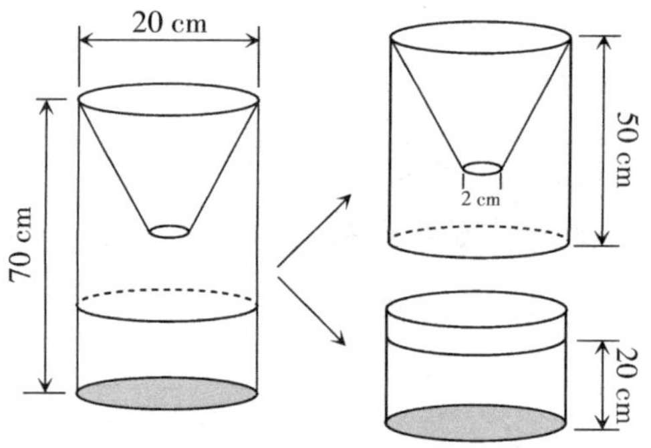

图2-2　集尘缸示意图

Fig.2-2　Sketchmap of dust-collecting device

图2-3　和田的集尘缸

Fig. 2-3　The dust-collecting device in Hotan

2.5　冬小麦栽培试验

在和田和铁干里克开展了冬小麦试验（见图2-4）。按田间试验和统计要求设计和安排冬小麦的小区试验，以无尘冬小麦为对照，重复6次，随机排列。每小区9 m^2左右。在无尘对照试验中，每次浮尘天气后及时或定期通过清扫、擦拭、吹（鼓）风等方式小心清除对照冬小麦表面的降尘，其他各项条件与含尘冬小麦保持一致。

（1）无尘冬小麦和含尘冬小麦形态、结构、成分对比

在冬小麦生长期间，定期（按生育期）取样，选取冬小麦含尘和无尘的叶、花等器官或植株样，室内观察、测定。以无尘冬小麦为对照，以供定期取样和室内观测、分析。

（2）品质和产量比较

通过小区试验分别比较无尘冬小麦和含尘冬小麦的品质和产量。

（3）比较观测

在田间定期观察无尘冬小麦和含尘冬小麦的生长发育特点，用便携式光合分析仪测定叶片光合强度、呼吸强度、蒸腾强度、温度等变化及地上部分干物质积累速率。干物质积累取地上部分，用烘干法测定。

3　模拟试验

盆栽冬小麦，模拟自然降尘，同时设置无尘对照，重复10次。其中，6个重复用于产量和品质测定，另外4个用于取样观察和测定。因为不同生育期对降尘的敏感性不一样，因此，在拔节（营养生长）期和扬花（生殖生长）期分别取样观察，比较冬小麦吸附降尘前后的变化（见图2-5）。

图2-4　冬小麦模拟试验

Fig. 2-4　Simulation test of winter wheat

图2-5　和田冬小麦小区试验图

Fig. 2-5　Plot test of winter wheat in Hotan

4 理化分析

在田间测试的基础上，定期选取田间小区试验和盆栽的样品，通过考种分析产量构成因素；通过室内理化分析，确定冬小麦叶和花表面降尘的数量和组成，比较和测定无尘冬小麦和含尘冬小麦的水势、籽粒蛋白质、淀粉、矿物组成、叶绿体色素、可溶性糖、光合强度、呼吸强度和品质的变化特点。

4.1 浮尘基本理化性状分析

（1）有机质的测定

重铬酸钾容量法——外加热法。

（2）pH值的测定

水土比1∶1，电位法测定。

（3）全氮测定

半微量蒸馏定氮法。

（4）全磷测定

NaOH熔融——钼锑抗比色法。

（5）全钾测定

NaOH熔融——火焰光度法。

（6）NO_3^-测定

用$CaSO_4$浸提，紫外分光广度法。

（7）CO_3^{2-}、HCO_3^-测定

双指示剂——中和滴定法。

（8）Cl^-测定

硝酸银滴定法。

（9）SO_4^{2-}测定

EDTA滴定法。

（10）浮尘质地测定

吸管法。

（11）Na、Al、Fe、Ca、Mg、Cu、Ni、Pb、Ti等

用电感耦合等离子体原子发射光谱法（ICP-AES）。

4.2 植株成分分析

（1）植株全氮、全磷、全钾测定[1]

植株全氮：H_2SO_4-H_2O_2消煮，半微量定氮法。

植株全磷：H_2SO_4-H_2O_2消煮，钒钼黄比色法。

植株全钾：H_2SO_4-H_2O_2消煮，火焰光度法。

（2）植株重金属含量的测定

用ICP-AES法（电感耦合等离子体原子发射光谱法）[2]。

（3）植株微量元素的测定

用原子吸收光谱法[3]。

（4）植株盐分的测定

用植物水提取液，离子色谱法[4]。

（5）植株中氨基酸的测定

用日立835-50型氨基酸自动分析仪测定[5]。

（6）植株中全碳和碳水化合物的测定

用蒽酮比色法[4,6]测定可溶性糖、淀粉、纤维素；用$K_2Cr_2O_7$容量法测定全碳[6]；用紫外分光光度法测木质素[6]；用正丁醇盐酸法测定单宁[7]。

4.3 冬小麦生理生化指标测定

（1）叶片细胞质膜透性的测定

采用外渗电导法[8]，DDSJ-308A电导率仪测定，用电导率的相对值表示。

（2）叶片游离脯氨酸含量的测定

采用茚三酮比色法[9]。

（3）丙二醛（MDA）含量的测定

采用硫代巴比妥酸法（thiobarbituric acid，TBA）。丙二醛（MDA）与TBA生成有色物在530 nm处有最大吸收，用分光光度仪测定，并按照公式计算含量[9]。

（4）保护酶活性的测定

酶液制备：将新鲜冬小麦叶片剪成约1 cm的小段，称取0.5 g叶样置于预冷的研钵中，加入少量的石英砂和0.05 mol/L磷酸缓冲液（pH=7.8），冰浴下研磨成匀浆，用少量缓冲液洗净研钵，转入10 mL离心管中，在4 ℃下15000 r/min离心15 min，取上清液在4 ℃下保存作为待测酶液备用。

SOD、CAT的活性用"南京建成生物工程研究所"研制的试剂盒测定。

POD活性测定：酶活性单位以每克叶样每分钟的吸光度增加值表示[ΔOD470 nm/(g·min)]。

①SOD试剂盒的组成与配制

试剂一：液体10 mL×1瓶（天冷时或放冰箱会有部分结晶析出，需热水溶解后再用），用时加热蒸馏水稀释至100 mL。

试剂二：液体10 mL×1瓶，在4～10 ℃下保存。

试剂三：液体10 mL×1瓶，在4～10 ℃下保存。

试剂四：液体350 μL×2支，在4 ℃下保存，不可冷冻；试剂四稀释液10 mL×1瓶，在4 ℃下保存6个月，用时二者按1∶14稀释，需多少配多少。配好的试剂四在4 ℃下保存，不可冷冻。注：所有吸嘴为一次性吸嘴。

试剂五：粉剂×1支，用时加70～80 ℃蒸馏水75 mL溶解后备用，若加热过程中水分蒸发减少，此时必须用蒸馏水补充至75 mL，配好后的试剂在避光和4 ℃条件下冷藏可保存6个月。

试剂六：粉剂×1支，用时加蒸馏水75 mL溶解后备用，配好后的试剂避光，在4 ℃下冷藏可保存6个月。

显色剂的配制：按照试剂五∶试剂六∶冰乙酸=3∶3∶2的体积比配成显色剂，在4 ℃下避光冷藏可保存3个月。

SOD活力测定操作见表2.1。

表2.1 SOD活力测定操作表

Table 2.1 SOD vitality test

试　剂	测定管	对照管
试剂一/mL	1.0	1.0
样品/mL	a*	—
蒸馏水/mL	—	a*
试剂二/mL	0.1	0.1
试剂三/mL	0.1	0.1
试剂四/mL	0.1	0.1
显色剂/mL	2	2

注a*：代表样本取样量和蒸馏水取样量。

加完试剂四后，将样液用旋涡混匀器充分混匀，置于37 ℃的恒温水浴40 min，再加上显色剂，混匀，室温放置10 min，于波长550 nm处、1 cm光径比色皿，蒸馏水调零，比色。

每毫克组织蛋白在1 mL反应液中SOD抑制率达50%时所对应的SOD量为一个SOD活力单位（U）。计算公式为：

$$\text{组织匀浆中SOD活力}=\frac{\text{对照管吸光度}-\text{测定管吸光度}}{\text{对照管吸光度}}\div 50\%\times\frac{\text{反应液总体积}}{\text{取样量}}\div\text{组织中蛋白含量}$$

②过氧化氢酶（CAT）活性测定

试剂一：30 mL水剂贮备液×1瓶，4 ℃可保存6个月。

试剂二：甲粉一瓶，乙粉一瓶，4 ℃可保存6个月。用时各加双蒸水200 mL，完全溶解后混合一起，用双蒸水定容至500 mL，配成应用液，在4 ℃下可保存3个月。

每次测定前先配置底物溶液，使其吸光度在0.5～0.55之间，并将底物溶液预温到25 ℃备用。取试剂一1～2 mL加10倍试剂二，混匀，紫外240 nm处、1 cm光径测吸光度（*OD*）值，若*OD*值在0.5～0.55之间，可预温至25 ℃进行测试。

若底物溶液*OD*值大于0.55，则用试剂二稀释使*OD*值降到0.5～0.55。

若底物溶液*OD*值小于0.5，则用试剂一提高*OD*值使其上升至0.5～0.55。

取经过前处理的样本0.02 mL加入比色皿底部，将已预温至25 ℃，*OD*值在0.5～0.55之间的底物溶液3 mL直接用5 mL或10 mL的大移液器快速冲入比色皿中，240 nm处立即测定吸光度，记下OD_1值；比色皿不要取出，1 min时立即再测一次吸光度，记下OD_2值。

每克组织蛋白中过氧化氢酶（CAT）每秒钟分解吸光度为0.5～0.55的底物中的H_2O_2相对量为一个过氧化氢酶活力单位。计算公式：

$$\text{CAT活力}=\lg(OD_1/OD_2)\times(2.303/60\text{秒})\times A/B$$

注：OD_1为240 nm处零时吸光度，OD_2为240 nm处1 min时吸光度。

从自然对数换算成常用对数时必须乘以2.303。

*A*为组织蛋白的稀释倍数（包括样品测试前稀释倍数及取样量在反应液中稀释倍数）。

*B*为样本中每毫升组织蛋白质量（g）。

（5）过氧化物酶（POD）活性测定

用愈创木酚比色法[10]。

（6）叶片叶绿素含量测定

用丙酮-乙醇浸提法[11]，在分光光度计测波长663 nm和645 nm处测吸光值。

4.4 冬小麦产量测定

在冬小麦成熟期测定每盆产量、千粒重、每盆有效穗数、每穗粒数、穗长以及株高。

4.5 冬小麦品质测定

取全麦粉，蛋白质含量采用半微量蒸氮法[12]测定，所得含氮量乘以5.7即为粗蛋白质含量，淀粉测定方法同前。

5 数据处理

试验数据分析采用Excel和SPASS13.0专业版[13]。

注释

［1］张行峰.实用农化分析［M］.北京：化学工业出版社，2005.

［2］吴跃英.ICP-AES法测定花叶中钾、钙、镁、锌、铜、硼、硫、磷含量［J］.现代仪器，2005（6）：32-35.

［3］吴冬青，李彩霞，安红钢，等.FAAS法测定芦荟果实中的微量元素［J］.广东微量元素科学，2007，14（1）：58-60.

［4］周斌，栗红，李小明.植物样品中盐分离子的几种分析方法比较［J］.干旱区研究，2000，17（3）：35-39.

［5］王陆黎，肖国拾.红景天根中氨基酸含量测定［J］.白求恩医科大学学报，1999，25（1）：52-54.

［6］范鹏程，田静，黄静美，等.花生壳中纤维素和木质素含量的测定方法［J］.重庆科技学院学报，2008，10（5）：56-58.

［7］武予清，郭予远.棉花植株中的单宁测定方法研究［J］.应用生态学报，2000，11（2）：243-245.

［8］郝建军，康宗利，于洋.植物生理学实验技术［M］.北京：化学工业出版社，2007.

［9］张治安，陈展宇.植物生理学实验技术［M］.长春：吉林大学出版社，

2008.

［10］张志良.植物生理学实验指导［M］.3版.北京：高等教育出版社，2003.

［11］赵世杰，刘华山，董新纯，等.植物生理学实验指导［M］.北京：中国农业科技出版社，1998.

［12］鲍士旦.土壤农化分析［M］.3版.北京：中国农业出版社，2000.

［13］高祥宝，董寒青.数据分析与SPSS应用［M］.北京：清华大学出版社，2007.

第三章　浮尘的发生规律、分布及区域特征

1　浮尘的发生规律及分布

浮尘是由于地面的尘土被风吹起，长时间飘浮在空气中形成的。地面的尘土被风吹起，使能见度下降到1～10 km，我们称之为“扬沙”。因此，浮尘是由扬沙造成的。无论是扬沙，还是浮尘，其形成都需要一定的条件。根据资料分析和多年的研究结果，扬沙和浮尘的发生常常需要下列条件：

1.1　气候条件

气候干旱，年降水量<400 mm，降水分配不均；蒸发量大，蒸降比大于2；湿度小；温差大，特别是昼夜温差大；多风，风速大，风速超过4.5 m/s。这样的气候多分布在干旱、半干旱地区。

1.2　土壤条件

土壤干燥，疏松，颗粒细，结构性差，甚至无结构，地面缺少植被。土壤为荒漠土、干旱土、草原土等。要达到上述条件，需要有特定的地理环境。

1.3　地理环境

深居内陆，季风影响小，具有大陆性环境，温度大陆度K（$K=\frac{1.7A}{\sin\varphi}-20.4$，式中，$A$为气温年较差，$\varphi$为地理纬度）大于34。

从全球范围来看，浮尘主要发生在远离海洋的中纬度内陆地区。在这些地区

当中，有些地区容易扬沙，且发生浮尘的频繁较高，我们称之为“扬尘区”。有些地方虽然本身不扬尘，但由于处在浮尘传输的线路上，频繁遭受浮尘的侵袭，我们称之为“降尘区”。一般而言，扬尘区本身就是降尘区；当尘土被风吹到天空后，一部分尘土就地沉降，另一部分随气流迁移到其他地区。多数情况下，扬尘区和降尘区不在同一个区域；降尘区一般在扬尘区附近的下风处，在北半球，由于中纬度上空存在西风带，气流由西向东运动，因此，降尘区常常处在扬尘中心的东部。距扬尘中心越远，浮尘浓度越小。

根据上述理论，结合以往的资料，经比较研究，我们在世界上确定了13个扬沙和浮尘敏感区。这些地区既是扬尘区，同时也是浮尘高发区，它们对世界上浮尘的形成和运输有着深刻的影响，世界上浮尘的形成和运输是各大陆之间物质交流的一种方式，是全球生态系统物质交流的重要组成部分。扬尘和浮尘敏感区分布在智利北部、阿根廷、美国中西部（2个）、北非及萨赫勒、澳大利亚中部、阿拉伯半岛、中亚、中国中西部（5个）。分析这些地区的自然环境条件，探寻它们的共同特点，对于研究扬尘和浮尘的发生规律，是十分重要的。

2　全球浮尘发生区的特征分析

2.1　南美洲

在智利北部，由于西部海岸山脉和东部安第斯山脉对海洋湿气的阻隔，再加上长期存在的太平洋反气旋和自南而北的亨博尔特冷海流，形成了地球上最干旱的阿塔卡马沙漠，这里属于热带沙漠气候。沙漠周边的阿里卡、伊基克、卡拉马、安托法加斯塔、查尼亚拉尔、科皮亚波、瓦列纳尔、拉塞雷纳等地十分干燥。据资料记载[1]，从1570至1971年，阿塔卡马沙漠几乎未下雨，安托法加斯塔市的年平均降水量只有1 mm（参见表3-1）。

表3-1　智利北部各地年平均温度和降水量

Table 3-1　Mean annual temperature and precipitation in the northern regions of Chile

地区	阿里卡	伊基克	安托法加斯塔	查尼亚拉尔	科皮亚波	瓦列纳尔	拉塞雷纳	金特罗
年降水/mm	0.5	0.6	1.7	11.5	12	31.6	78.5	341
年均温/℃	18.7	17.9	16.4		15.2	14.9	13.6	12.8

阿根廷也是重要的扬尘区。中部的潘帕斯草原是南美肥沃的低地（南纬30—40°）。潘帕斯来自盖丘亚语（盖丘亚族是南美印第安人的一大分支），意思

是平原。潘帕斯降水量超过600 mm。但是潘帕斯草原南部，由于东部海岸凡塔纳和坦迪尔山地、丘陵（海拔分别为1300 m和500 m）的阻挡，形成降水量小于400 mm的半干旱的潘帕斯草原。

拉潘帕省位于潘帕斯草原中部，年降水量为500 mm。降水量向西急剧减少。巴塔哥尼亚高原位于内乌肯（纽坎Neuquén）省、里奥-内格罗河省及以南地区，高原中部平坦、干燥，西风强烈、频繁，是世界上风最多的地区之一，春天平均风速为9.72 m/s，当南极的冷锋到达时，风速可达27.7～44.4 m/s。

里奥-内格罗河省以高原为主，被数个小山分割，海拔为600～1000 m。受大西洋暖流的影响，该省东部夏季气候干旱，降水稀少，月降水量仅为30 mm左右，且以暴雨的形式降落。冬季温暖，春季多风，全年降水量为250～300 mm。该省中部高原冬季时常受到南极气团的入侵。当南极气团入侵时，温度突降，空气变得十分干燥。春季多风，风速可达27.2 m/s，秋、冬降水较多，全年降水量为100～300 mm。

内乌肯省东部年降水量不到200 mm。夏季昼夜温差大，白天温度可达40 ℃，夜间仅15 ℃。阿根廷干旱地区的气候特征见表3-2。

表3-2　阿根廷气候状况

Table 3-2　The climate in Argentina

地区	门多萨机场	乌拉圭机场	内乌肯机场	马金桥	西圣安东尼奥机场	特雷利乌机场	里瓦达维亚海军准将城机场	里奥加耶戈斯机场
年均温度/℃	16.8	11.8	14.8	9.8	15.8	13.8	12.8	7.8
年降水/mm	189.8	290.8	185.8	196.8	248.8	186.8	238.8	242.8
日照时数/h	2871.7	—	2679.1	—	857.5	2647.3	2097.2	—
平均风速/m/s	—	5.8	—	11.8	16.8	23.8	28.8	26.8

2.2　美国

美国也是一个多沙尘暴和浮尘的国家，浮尘主要发生在中西部和大平原，特别是大平原，冬季寒冷，夏季炎热，风速大，由于强烈的气团对流，常暴发龙卷风。这里过去曾是肥美的大草原，人类将其开垦为农地和牧场。

人们一般粗略地以西经100°为界，将大平原分为年降水量大于510 mm的东部湿润区和年降水量小于510 mm的西部区。东部平原主要为二叠纪的红色岩层，其南部为湿润的亚热带气候，中部和北部为湿润的大陆性气候，西部区属高平原，是大平原，西部亚区，西端抵落基山脉，由东向西海拔从350 m升高到2400 m，降水量由510 mm（东）降至250 mm（西），属半干旱气候（见表3-3）。过去这里是半干旱草地，植被主要为矮草草原、多刺的梨形仙人掌和灌丛植被，现在多开垦为牧场和农田。该区定期地遭受长时间的干旱，频繁的大风极易发生沙尘暴。

表3-3　美国中西部降水量（mm）

Table 3-3　Precipitation in the western and middle regions of US（mm）

	1	2	3	4	5	6	7	8	9	10	11	12	全年
丹佛市	13	12	33	49	59	40	55	46	29	25	25	16	402
凤凰城	21	20	27	6.4	4.1	2.3	25	24	19	20	19	23	210.8

地处美国德州西北部和新墨西哥州东南部的兰诺大高原也叫埃斯塔卡多平原，位于大平原西部高平原的南端，它的北界是加那丁河，东部是冠岩（顶端盖岩）形成的悬崖，崖高约100 m，是北美最大的方山或台地。整个台地均匀地倾斜，海拔由东南部的900 m升高到西北的1500 m，坡降为1.9 m/km，肉眼难以觉察。这里的气候是介于湿润气候与沙漠气候之间的半干旱气候，因为只能支撑矮小的禾本科草类和灌木的生长，因此也叫草原气候。其特点是冬冷夏热，东部的降水量小于580 mm，西部的降水量小于360 mm，过去这里也被称为美国大沙漠。

这里的地层主要为晚第三系早上新统具有含水层的奥加拉拉组沉积岩。其特点是下部为河流相的粗大颗粒，向上颗粒变细。奥加拉拉组的含水层厚度为数米到300 m，距地表30～122 m，形成大平原西部（高平原）特有的浅层地下水。值得注意的是，奥加拉拉组地层的组成中除了冲积物外，还有风积物，表明在第三纪晚期这里就发生风蚀降尘。奥加拉拉组地层分布在落基山脉以东，从怀俄明州到德克萨斯州的西部高平原，东部低平原主要为早第三纪的岩石。

落基山是一西北—东南走向的山脉，长4830 km，平均海拔为2000～3000 m，最高峰为埃尔伯特峰，海拔为4401 m。落基山脉形成于白垩纪晚期至第三纪早期，主要由褶皱花岗岩组成。它的抬升，使更早的二叠纪、三叠纪的红色岩层侵蚀殆尽，仅在落基山的南段残留少量白垩纪的石灰岩。

落基山脉以西由北向南依次为哥伦比亚高原、大盆地和莫哈韦-索诺兰沙漠。大盆地和哥伦比亚高原处于喀斯喀特山脉和内华达山脉，最高峰海拔为4421 m，也是美国最高峰的雨影区，平均年降水量小于380 mm，是干旱、半干旱气候。

莫哈韦沙漠位于加利福尼亚西南部、亚利桑那（州）的西北部。海拔为910～1800 m，其中，犹他州境内的死谷是北美最低处（海拔86 m），6月末至7月初最高温度超过49 ℃。年降水量小于254 mm。其中，亚利桑那州的尤玛县城降水量只有67 mm。由于受太平洋暴风雨的影响，这里风天较多。

亚利桑那州索诺兰沙漠属于沙漠、灌丛、草原生态区，其特点是年降水量小于254 mm，干旱或极干旱气候，蒸发量大于降水量，土壤沙质和砾质化，有机质含量低。植被为荒漠和干旱灌丛，特点是旱生，多为多汁、地下芽、硬叶灌木及一年生植物。

美国大平原以西气候主要受北极急流的影响，北极急流从北太平洋带来了巨大的低压系统。当太平洋气旋移动到大平原时，与其他气团交汇，引起剧烈的气候波动，形成大风天气。大平原本身也可产生一些剧烈的对流天气，引起温度的剧烈变化和大风。在冬末或春季，美国东北部的风暴天气时常与另一个低压系统结合，到东部沿海时大大加强，形成大西洋及沿岸的雨雪天气[1]。

2.3 澳大利亚

澳大利亚中西部干旱（见表3-4），主要由五个原因造成：首先是澳大利亚西部海域的冷洋流，使西部海域温度偏低，蒸发量减少，形成西部干燥的空气；其次是东部与昆士兰州、新南威尔士州海岸几乎平行的大分水岭，海拔达3700 m，阻隔了东部海洋湿气的进入；第三是澳大利亚平均海拔比较小，无高山，缺少地形雨；第四是澳大利亚陆地形状简单，平坦，大的水体难以深入内陆；最后是持续存在的高压系统，也加剧干旱。

表3-4 澳大利亚中部各地年平均最高温度和降水量

Table 3-4 Average annual maximum temperature and precipitation in middle regions of Australia

地区	卡那封机场	利尔蒙斯机场	黑德兰港机场	艾利斯斯普林斯	米卡萨拉机场	费尔斯气象局	蒂布巴拉邮局	卡尔古利-博尔德机场	塞杜纳自动气象站	伍默拉机场	米尔迪拉机场
年降水/mm	226.1	221.7	315.9	301.8	233	260.9	255.7	270.6	289.8	196.7	287
年均最高温/℃	27.2	31.7	33.2	28.6	28.8	29.2	27.2	25.2	23.5	25.6	23.7

澳大利亚的沙尘暴主要发生在新南威尔士州西北部的角落区域和南澳大利亚州东部的艾尔湖盆地及托伦斯湖以西的伍默拉地区。该处被认为是北部低压区。

澳大利亚新南威尔士州西部为热带沙漠气候的东端，靠近南澳大利亚州边界有一个矿业发达的城市叫布罗肯希尔，这里的年降水量为253.1 mm（见表3-5）。

表3-5　澳大利亚布罗肯希尔的气候状况

Table 3-5　Climate data for broken hill in Australia

各月	1	2	3	4	5	6	7	8	9	10	11	12	全年
月平均最高温度/℃	32.7	32.2	29.0	23.9	19.2	15.6	15.1	17.3	21.0	24.9	28.6	31.4	24.2
月平均最低温度/℃	18.4	18.2	15.5	11.8	8.6	6.2	5.3	6.3	8.8	11.7	14.7	17.1	11.9
年均降水量/mm	23.7	24.1	19.4	17.6	22.7	21.5	18.9	18.6	20.5	24.6	19.9	21.5	253.1

2.4　非洲

非洲是世界浮尘最严重的地区。非洲浮尘主要发生在非洲北部的撒哈拉沙漠和中北部的萨赫勒地区。

“撒哈拉”来自阿拉伯语的“صَحراء，ṣaḥrā′”，意思是“沙漠”（desert）。撒哈拉沙漠西到大西洋，东接红海，北靠地中海和阿特拉斯山脉，南抵尼日尔河谷地和苏丹，面积为9 400 000 km^2。

撒哈拉沙漠的地形受风影响，主要是风蚀地形，如沙堆、沙海、石质高原、砾质平原、干谷盐盆、理查特结构等，沙堆高达180 m。连片的沙海之中穿插着数条分割的山脉、火山。这些石质山从沙漠中升起，最高峰艾米库西峰，是一火山，高3415 m，也是乍得中北部提柏斯提山之最高峰。

撒哈拉沙漠将整个非洲大陆分为北非和黑非洲。撒哈拉沙漠的南部边界是一个半干旱的萨瓦纳带，也叫萨赫勒。萨赫勒的南部是刚果河谷和苏丹植被茂盛区。

撒哈拉沙漠中部十分干旱，几乎无植被。由中部向南北两侧沿高地的一些干谷，由于水分的聚集，出现稀疏的草地、荒漠灌木夹杂着零星高灌木和树木。从植物学的角度分析，撒哈拉沙漠的北界对应于栽培枣椰树的北界和针茅草的南界，正好也对应于100 mm等降水线。南界对应于极耐干旱的藜科单刺蓬属植物的南界和禾本科粟草属的北界，也正好对应于150 mm的等降水线。撒哈拉沙漠的南界是萨赫勒，这是一个热带稀疏草原带。

据研究，撒哈拉沙漠北部从冰川退却后即开始干旱。公元3400前，南部由于季风的撤出，逐渐沙漠化。目前，撒哈拉沙漠盛行东北风。这种东北风也是引起沙尘暴和尘魔的元凶。当东北风到达地中海时，被称为西罗科风，这是一种热风，在北非和南欧，该风常常达到飓风的速度。撒哈拉沙漠有一半地区年降水量小于20 mm，其他地区年降水量小于100 mm。降水多以暴雨的方式降落。在实际应用中，通常用年降水量作为撒哈拉沙漠的边界。根据降水量观测，撒哈拉沙漠的南界在不断变化。由于萨赫勒地区的干旱和荒漠化，1980—1990年间，撒哈拉沙漠的南界向南移动了130 km。

季风地区，夏季地面升温，气流上升，使海风吸入，带来大量降水。

萨赫勒地区降水稀少、集中、年变率大，降水量一旦小于年正常降水量，就会发生干旱。干旱有周期性，如1914年，1968—1974年，长期的干旱出现时，农业歉收，出现饥荒，引起社会动乱。2010年8月，萨赫勒再次遭遇干旱。6月22日，乍得的法亚气温达到47.6℃，打破该地1961年的纪录；同天，尼日尔比尔马的气温达到47.1 ℃，与1998年的持平；6月23日，比尔马的温度突破48.2 ℃，苏丹北部东古拉镇6月25日的气温达49.6 ℃，打破1987年的纪录。因高温，尼日尔北部有20人因脱水而死亡，作物热死，饥荒爆发，35万人处于饥饿困境，许多儿童因营养不良、疟疾、呼吸道疾病、肠胃疾病而死亡。

据研究，当降水量的累积赤字低于长期年平均降水量标准差的1.3倍时，就会爆发干旱和饥荒。气候模型研究表明，大规模的气候变化是干旱的主要诱因。观测表明，全球大气中颗粒如气溶胶的增加，使地球昏暗，从而使地球表面直接辐射从1960至1990年减少4%。因为全球昏暗，地面蒸发减少，部分地区降水减少，破坏了水分循环，造成干旱。全球昏暗，产生降温效应，抵消了温室气体和全球变暖的作用。

萨赫勒的干旱，是由于欧亚大陆和北非产生的空气污染改变了大西洋上空的云团性质，扰乱了季风，是热带降水南移所致。2005年，一系列的气候模型研究证实，萨赫勒的干旱和海平面温度的变化有关。据气候模型预测，由于大气颗粒物的增加，到2010年，萨赫勒的降水量将减少25%。近来人们还发现，萨赫勒的干旱和大西洋数十年振荡周期有关。

萨赫勒地区土地干旱，生产力低下，再加上人类过度利用资源，如过农、过牧、滥伐、土地管理不当、人口增速过大等，造成自然土壤侵蚀和严重沙漠化。沙漠化又导致浮尘、沙尘暴频繁发生，平均100天发生一次。乍得附近的博德莱（利）低压区是浮尘发生的中心。

苏丹尼亚萨瓦纳是热带稀树草原带，萨赫勒位于苏丹尼亚萨瓦纳以北，是苏丹尼亚萨瓦纳与撒哈拉沙漠之间的生态气候和生物地理过渡带。主要植被类型为半干旱草地、金合欢萨瓦纳、干草原及多刺灌木。它西至大西洋，东到红海，长约5400 km，宽数百千米，最宽处可达1000 km，包括塞内加尔、毛里塔尼亚南部、马里、布基纳法索、阿尔及利亚南部、尼日尔、尼日利亚北部、乍得、苏丹、埃塞俄比亚北部和 厄立特里亚，面积约为305万平方千米。萨赫勒地区地形较平坦，海拔为200～400 m，降水量为200 nm（北）～600 mm（南）。“萨赫勒”一词，来自阿拉伯语“ساحل” sāḥil，字面意思是海岸，实际是描述“萨赫勒植被的外貌像把撒哈拉沙粒隔开的海岸线一样”。

2.5　西亚和中亚

2.5.1　西亚

欧洲人曾称西亚为中东和近东，西亚主要由草原、沙漠、山地等生态单元组成，为干旱、半干旱气候，干旱、缺水和盐碱化是该地农业的突出问题。

在西亚，有两种类型的风——考斯风（sharqi or sharki）和夏马风（shamal）。考斯风是一种季节性的南风或东南风，发生在每年的4—6月和9—11月，十分干燥，夹带浮尘，瞬时风力可达22 m/s，可将沙粒吹至数千米的高空，引起强烈的沙尘暴，造成机场关闭，持续时间一天或数天。夏马风是一种吹过伊拉克和波斯湾沿岸国家（如沙特阿拉伯、科威特等国）的西北风。白天风力强劲，晚上减弱；冬季和夏季均有发生，但夏季较多，每年发生多次，常常引起沙尘暴。约旦和叙利亚为扬尘区，沙尘由约旦和叙利亚扬起，吹往伊拉克、沙特阿拉伯、科威特等海湾沿岸国家。

导致西北风汇入波斯湾的夏马风来自土耳其南部的托鲁斯山脉、沙特阿拉伯西部的汉志（或希贾兹，hejaz）—阿西尔（Asir）高原上的赛拉特山和伊拉克。夏马风可发生在一年的任何时间，但一般春、夏最强，因为这时来自北方的极地急流向南运动，与南部亚热带的气团交汇，形成强劲的冷锋面，转化为夏马风。伊拉克每年经历20～50天的强烈风尘天气。由于夏马风伴随浮尘天气有一定规律，成为伊拉克人生活的一部分，形成一定风俗。

土耳其是横跨欧亚大陆的国家，它的亚洲部分被称为安纳托利亚，占国土的97%；其南部较干旱，南部的托鲁斯山脉由多个山脉组成，东南部的托鲁斯山脉平均海拔为2500 m，多数山峰海拔为3000～3700 m，个别达4000 m。托鲁斯山南部多为石灰岩侵蚀的喀斯特地貌，气候较干旱；托鲁斯山脉北坡的科尼亚平原和南坡的马拉蒂亚平原年降水量均小于300 mm。

沙特阿拉伯：阿拉伯半岛原是非洲大陆的组成部分，地壳断裂形成了红海，导致非洲大陆分开，一部分就是阿拉伯半岛，因此，半岛南部与红海对岸的非洲的索马利亚有着许多相似之处；阿拉伯半岛地势由西向东倾斜，呈阶梯状，西部为赛拉特山，该山从北到南分为三段：北纬23°以北称汉志山地，气候干旱，海拔为1000～2000 m，最高峰为劳兹峰，海拔为2610 m；北纬21°～23°之间地势较低，是从西岸进入内地的天然通道，但南部地势迅速升高，沙特阿拉伯南部阿西尔地区的艾卜哈（Abha）附近的索达山（Jebel Sawdah，Mount Sawda），海拔达3133 m；北纬21°至也门称阿西尔山地，山势再度升高，海拔为2000～3000 m，雨量较多；也门境内的安纳比舒艾卜峰海拔为3666 m，为阿拉伯半岛最高峰。

赛拉特山东坡平缓下降转为中央高原，也叫希贾兹（Hejaz）—阿西尔（Asir）高原。整个高原由北向南的地形变化趋势与赛拉特山相似，呈马鞍形，西北部高（1500 m），为砂岩；中部降低，叫内志（Nejd）高原，为石灰岩单面山；其中在麦地那附近海拔为1200 m；向南再度升高，也门高原海拔多在2987 m以上，阿曼东南角的绿山海拔达到3075 m，有阻挡印度洋水汽的作用。

高原由西（平均海拔1370 m）向东（平均海拔760 m），逐渐降低，过渡到东部平原；部分高原和平原为沙砾覆盖，沙漠约占全部面积一半；地面无常流河和湖泊，仅在低洼处，地下水涌出地面，形成草地、绿洲，甚至沼泽。最大的沙漠是东南部的鲁卜哈利沙漠，面积达6.5×10^{9} km^{2}。西部高原属亚热带地中海式气候，其他广大地区属热带沙漠气候，炎热干燥，年降水量约为100 mm，形成大量盐滩、旱谷，强烈的风蚀形成砾漠，含大量燧石，沙特阿拉伯北部的哈马德就是典型的多石平原。东部阿拉伯半岛的大沙漠，面积达2.33×10^{7} km^{2}，为世界第二大沙漠。阿拉伯沙漠年平均气温都在20 ℃以上，最热月7月平均气温超过30 ℃，最冷月1月平均气温也高于10 ℃，多在15～24 ℃之间。南部地区更加酷热，年平均气温为28.9 ℃，7月平均气温为32.5 ℃，1月平均气温为25.4 ℃，有四五个月的月平均气温超过30 ℃。最高气温常可达50～55 ℃。昼夜温差大，夏季白天温度平均为45 °C，最高达54 °C。汉志山位于沙特阿拉伯的西部，从西北部塔布克省的杜巴北到南部也门的萨那，最高峰海拔为3133 m，位于沙特阿拉伯南部阿西尔地区的艾卜哈附近的索达山。阿西尔高地受印度洋季风的影响，降水量为300～500 mm。但温差为世界之最，通常下午温度超过30 °C，清晨降至0 °C以下，形成浓雾。

西北部的内夫得沙漠和东南部的鲁卜哈利沙漠是阿拉伯两个最大的沙体；鲁卜哈利沙漠面积为6.5×10^{5} km^{2}，内夫得沙漠面积为6.4×10^{4} km^{2}，两个沙漠之间向东突出的弧状是代赫纳沙漠，长约1300 km，宽约48 km；西面是石灰岩单面山——图伟克山脉；阿拉伯沙漠从北纬12°到北纬34°整整跨越22个纬度，为热带沙漠。风主要从地中海吹来，次第刮到东部；多风的季节为和5月—6月和12月—次年1

月，风速平均为48 km/h，运载大量沙尘；每一场风暴都将数百万吨的沙子携入鲁卜哈利沙漠；风在中央内志和鲁卜哈利沙漠的西南部依次从四面八方刮来。在春季或秋季突然出现在天际的“褐色卷云”令人畏惧，这是一场宽达96 km的锋面风暴，将沙子、尘土和岩屑都卷入高空，随后气温急遽下降并带来雨量，强风持续约半小时。

沙漠植物主要是旱生的或盐生的，生长在盐沼的盐生植物包括许多肉质植物和纤维植物，可供骆驼食用；柽柳是一种根深的固沙植物，有助于保持土壤；稀有灌木拉克，以“牙刷灌木”知名，其枝条被阿拉伯人用于刷牙。许多香草在整个沙漠到处生长，他们将这些草用于食品调味、防腐、熏衣和洗发。东鲁卜哈利沙漠一般被认为干燥不毛，但在巨大沙丘的侧翼却生长着许多植物，包括一种叫作纳西的甜草，为如今稀有的大羚羊（一种非洲羚羊）提供主要草料。许多绿洲种植海枣，海枣本身为人和家畜提供食物，海枣木可作为建筑物及制作井架和古式辘杆的木料；树叶作为手工艺品和用于缮盖房顶。绿洲还出产许多农作物，诸如水稻、苜蓿、散沫花（一种能产生棕红色染料的灌木）、柑橘、甜瓜、洋葱、番茄、大麦、小麦及在海拔较高的地区有桃、葡萄和仙人果。

伊拉克位于北纬29°—38°之间，整个地势分为四大部分：北部为库尔德山地，最高海拔达3611 m；中部和南部为美索不达米亚冲积平原，海拔为200 m；西部为荒漠高原，海拔为200～1000 m，属于阿拉伯半岛和叙利亚沙漠的一部分，主要由沙漠、石质平原、干谷和粉砂质的干三角洲组成；东部是扎格罗斯山脉，与伊朗共有，最高峰札尔德山位于山脉中部，海拔为4548 m。伊拉克大部分属亚热带沙漠气候，夏季平均温度超过40 ℃，许多地方超过48 ℃，个别地方有53 ℃的纪录；冬季0 ℃以下，西部沙漠为-14 °C。由南至北降水量达100～570 mm，多数地方平均降水量为100～180 mm。一般北部山区降水量较多，山脚和草原可达到300 mm，参见表3-6。

表3-6　伊拉克北部埃尔比勒市气候

Table 3-6　Climate for Arbil in Iraq

月份	1	2	3	4	5	6	7	8	9	10	11	12	全年
最高平均温度/℃	6	8	14	18	25	31	35	32	28	21	14	8	20
最低平均温度/℃	1	3	7	11	17	20	25	24	20	15	8	3	12.8
降水量/mm	66	66	60	27	6	0	0	0	0	9	57	78	369
平均降水日数	10	9	12	8	5	3	1	2	1	6	7	11	75

夏季通常刮考斯风和夏马风，前者为南风或东南风，干燥、多尘，风速达22.2 m/s，多发生在4—6月和9—11月，持续一至数天，该风常引起强烈的沙尘暴，致使机场关闭。后者为北风或西北风，十分干燥，发生在6—9月。伊拉克的栎树和枣椰树主要分布在南部。

2.5.2 中亚

中亚也是浮尘重要的发生区。中亚西至里海，东至中国，北到俄罗斯，南到阿富汗。中亚主要由山区、草原、戈壁沙漠组成。土库曼斯坦境内的卡拉库姆沙漠（克孜勒库姆沙漠）也叫红砂，位于阿母河和锡尔河之间的河间冲积带，或冲积平原，海拔为300 m，分布于哈萨克斯坦、乌兹别克斯坦和土库曼斯坦三国。

阿富汗：兴都库什山脉从东北到西南将整个国家的地形分为三个部分：中部高地、西南高原和北部小平原。中部高地主要是兴都库什山脉，它实际是喜马拉雅山的西部延伸，约有20余个海拔超过7000 m的山峰，最高的是海拔7699 m的蒂里杰米尔山；但在阿富汗境内的最高峰为诺夏克（诺沙克）峰（Noshaq or Nowshak，海拔7492 m）。全国地势随兴都库什山脉由东北向西南倾斜，北部平原与土库曼斯坦平原相连。西部和西南，高原和沙漠与伊朗的高原、沙漠相接。

阿富汗气候的最大特点是气温日变化大，5月—11月的气温日较差达30.6 ℃。由于兴都库什山脉由东北至西南跨越全国，占国土的大部分，全国大部分是裸露的岩石山脉，白天吸收热，晚上放出热，致使温差十分大。西南部的法拉（赫）（Farah）2009年8月最高温度达49.9 °C，西北部哈里河附近的沙赫拉克镇1964年1月最低气温为-52.2 °C；阿姆河流域，也叫奥克苏斯河地区，夏季遮阴物下的温度通常都为40～50 °C；西南部锡斯坦、东部城市贾拉拉巴德、东北部的土耳其斯坦，甚至南部的坎大哈省夏季都十分炎热，频繁遭遇沙尘暴和热风的袭击。夏季常刮一种干热风，叫西蒙风，有很多拼法（samiel，sameyel，samoon，samun，simoun，simoon），当西蒙风发生时，温度超过54 °C，湿度小于10%，出现旋风式的沙尘暴，使人即刻中暑，因此当地称之为“毒风”。

塔吉克斯坦东部和东南为帕米尔山，北部为天山的支脉阿莱（赖）山，山区占全国土地面积的93%，超过50%的面积海拔在3000 m以上，许多高峰海拔超过7000 m，最高峰索莫尼峰海拔为7495 m，阿莱山的列宁峰海拔为7134 m。仅有北部的费尔干纳河谷、西南部的科法尔尼洪河谷和瓦赫什河谷地势稍低。大部分气候为大陆性亚热带半干旱气候，西南部低地为干旱荒漠气候。

吉尔吉斯斯坦80%的土地被天山山脉覆盖，其余20%为谷地和山盆。东部多数山脉海拔超过4000 m，中吉边界附近的新疆境内的托木尔峰高7439 m。

哈萨克斯坦北部为西西伯利亚平原，主要是第四纪冲积物，基本是平坦的草原，面积占全国的1/3，这里气候为半干旱大陆性气候，冬冷夏热；年平均降水量为200 mm（南）～400 mm（北），是世界最大的干草原。南部和东部为高原，也叫哈萨克高丘，主要由低山和高平原组成，气候的大陆性更强，属于半荒漠区，年降水量为160～240 mm，参见表3-7。其内分布着绿洲、沙漠和盐滩。南部与乌兹别克斯坦共同拥有克孜勒库姆沙漠。西南部为图兰低地。

表3-7　哈萨克斯坦的阿斯塔纳气候状况

Table 3-7　Climate for Astana in Kazakhstan

月份	1	2	3	4	5	6	7	8	9	10	11	12	全年
最高温度记录/℃	4	5	22	30	36	40	42	39	36	27	19	5	42
平均最高温度/℃	−12	−11	−4	9	19	25	27	24	18	8	−2	−9	7
日平均温度/℃	−15	−15	−9	5	13	19	21	18	12	4	−6	−12	3
平均最低温度/℃	−21	−21	−15	−2	5	11	13	11	5	−1	−11	−18	−3
最低温度记录/℃	−52	−49	−38	−28	−11	−2	2	−2	−8	−26	−39	−44	−52
降水量/mm	22	14	19	21	31	40	50	37	26	27	20	22	327

需要说明的是，哈萨克斯坦气候生物地带性十分明显，草原的北部和东北是森林草原，再向北是西伯利亚森林；向南过渡为干草原，再向南是半荒漠和克孜勒库姆沙漠。

乌兹别克斯坦是典型的内陆国家，东部及东南部为山区，属天山山系和吉萨尔—阿赖山系的西缘，海拔为4500 m，最高峰海拔为4643 m，山区内有著名的费尔干纳盆地和泽拉夫尚盆地；西部、北部为克孜勒库姆沙漠或克齐尔库姆沙漠，约占全国国土的80%。全国为大陆性气候，十分干旱，年降水量为100～200 mm，集中在7—9月；夏季达40 ℃，冬季平均温度约为−23 ℃，最低达−40 ℃。只有不到10%的河谷和绿洲作为灌溉的耕地，最肥沃的地方是东部与吉尔吉斯斯坦交界处的费尔干纳谷地，降水量也只有100～300 mm。

土库曼斯坦80%的面积被卡拉库姆沙漠覆盖，中部为图兰洼地和卡拉库姆沙漠；东北部为克孜勒库姆沙漠，由土壤毛细管作用形成的湿盐结皮，目前由于咸海萎缩，咸海海床上的黑沙出现约40000 km^2；由于苏联大量修建灌溉工程，造成南部咸海水位下降，沙漠扩展。咸海黑沙主要由细散的蒸发残余物和碱性矿物沉淀物所形成的盐沼泽组成，是由灌溉田冲入海盆形成的。强大的东西向气流夹带着有毒物吹向世界各地。目前，在南极企鹅的血液中、挪威的森林中、俄罗斯的农田中均发现了这种有毒的浮尘。南部为移动沙丘和科佩特山脉（科彼特达格山），是土库曼斯坦与伊朗之间的界山，大部分在伊朗境内，一部分在土库曼斯坦的南部，为土库曼斯坦呼罗珊山地的北支，土库曼斯坦境内最高海拔为2940 m，在伊朗境内最高峰海拔为3191 m，主要由石灰岩、泥灰岩、砂岩组成；西部为大巴尔坎山脉，由科伊马达格山和库兰达格山组成，海拔为1880 m；东北部列巴普省的库吉唐套山，与乌兹别克斯坦为界，是帕米尔-阿莱山的支脉，海拔为3139 m。

气候为干旱的亚热带荒漠，少雨，降水量由南部科佩特山脉的300 mm，到西北的80 mm，沙漠区降水量只有12 mm，靠近南部的阿什哈巴德为225 mm。最高温度是和51.7 °C（1983年6月）；北风、东北风、西风频繁；沙漠化和盐碱化十分严重；最低点为西北部的阿萨克奥丹洼地，位于萨雷卡梅什湖附近（海拔-81 m）。

伊朗是多山之国，四周由高山环绕，内部崎岖的山脉将盆地和高原分割，西部为多条山脉组成的高山，西北亚美尼亚和阿塞拜疆的高加索山脉延伸至西北部，西部沿岸的扎格罗斯山脉由多条平行山脉组成，西北高，东南低（海拔1500 m），海拔都在3000 m以上，南部至少有5个峰海拔超过4000 m；北部里海沿岸的狭窄而高耸的厄尔布尔士山脉海拔为2400～3000 m；主峰达玛万德峰海拔为5610 m，是一座死火山，为伊朗最高峰；伊朗东部为加恩-比尔兼德高地，中部由中央高原和孤立盆地组成，海拔约为900 m；伊朗北部为森林，东部有两个盐漠盆地：一个在北部山区与伊朗高原之间，为伊朗最大的沙漠——卡维尔盐漠；另一个是卢特荒漠，周围有许多盐湖，如乌尔米亚湖（也叫雷扎耶湖），这是因为高山阻挡了水汽到达这里。伊朗东部和内地属大陆性亚热带草原和沙漠气候，伊朗的气候由干旱、半干旱，到北部的亚热带森林，4—10月降水稀少，平均降水量小于250 mm，东部和中部盆地降水量小于200 mm，夏季平均温度超过38 ℃；南部波斯湾和阿曼湾沿岸平原降水量为135～355 mm。相互孤立的盆地，是村落和城镇聚集地，游牧部落随季节在草原上通过大篷车迁移。

3 我国浮尘发生区的特征分析

我国依据沙尘在大气中的浓度将沙尘天气分为三种。浮尘：尘土、细沙均匀地飘浮在空中，能见度小于10 km的天气现象。沙尘暴：大风将地面的沙尘吹起，使空气浑浊，水平能见度小于1 km的天气现象。扬沙：一定风速的风，将地面的沙尘吹起，使空气浑浊，水平能见度为1～10 km的天气现象[2, 3]。浮尘往往由沙尘暴和扬沙引起。因此，有必要区分扬尘区和降尘区。扬尘区就是尘源区，是浮尘的发生地；浮尘区包括扬尘区、浮尘传输区和降尘区。扬尘区一般是沙尘暴和扬沙的高发区。根据气候-土壤-环境模式，我国有五个扬尘区：吐哈盆地-塔里木盆地、敦煌-河西走廊、内蒙古中西部地区、柴达木盆地。

3.1　吐哈盆地-塔里木盆地

该区气候极端干旱，风多风大；土壤为棕漠土，颗粒粗大，疏松；周围是海拔超过6000 m的高山。这种环境使该区成为我国最大的扬尘区。该区扬尘的形成有两种模式：一种是西伯利亚冷高压所形成的冷气流南下到北疆后所造成的扬尘。这种冷气流由天山东部翻越天山分为两支：一支绕行至吐哈盆地进而向西充灌塔里木盆地；另一支直接翻越天山。另一种是盆地内部局地环流所造成的扬尘。

3.2　敦煌-河西走廊[4]

该区位于祁连山和北山之间，与祁连山和北山组合在一起，形成高低悬殊的地貌组合，对浮尘的发生有重要影响。在分析浮尘与地貌组合的关系时，有必要首先对地貌进行分析。该地貌组合可分为三个部分：

（1）祁连山地

祁连山地位于河西走廊的西南部，甘、青两省交界处，因地处河西走廊以南，又名南山。它由七条大致平行的北西西走向的山脉和山间盆地组成，自北向南的主要山岭和盆地有：走廊南山—冷龙岭，黑河—俄博河盆地及大通河盆地；陶勒山，北大河（陶勒河）盆地；陶勒南山，疏勒河盆地；野马山—大雪山，疏勒南山，野马南山，野马河谷地—党河盆地；党河南山，大哈勒腾河谷地；察汗鄂博图岭，土尔根达板山，小哈勒腾河谷地；阿尔金山、党河南山与赛什腾山之间的苏干湖盆地。山脉的高度一般在4000 m以上，主峰海拔为5564 m，位于甘、青省界上的宰吾结勒（团结峰）海拔为5808 m，为祁连山和甘肃的最高点。海拔4500 m以上地区，终年积雪（雪线海拔大约为4400～4900 m），发育着现代冰川，是河西走廊的天然“高山水库”。在海拔3500 m以上地区，至今还保留着古冰川侵蚀地貌。山间谷地形成宽展的冰碛、洪积与冲积平原，谷宽多在10 km以上，谷地平原平均海拔为3000 m左右，高度相差悬殊，流经河西走廊的黑河、陶勒河、疏勒河、党河下游海拔不足2000 m，而上游海拔可达4000 m左右，河流两侧平原向祁连山腹地作阶状上升。祁连山北坡比高约为2000 m，南坡比降小于1000 m。祁连山是河西走廊内陆河的发源地。主要河流有石羊河、北大河和疏勒河。

祁连山自北而南有五个构造岩相带：北祁连山北缘拗陷带；北祁连山加里东地槽；中祁连山前寒武纪褶皱结晶岩地轴；南祁连山上古生代至中生代早期拗陷

带与南祁连山加里东地槽、柴达木盆地北缘隆起带。古生代初期以后，祁连山区一直以块状断裂的升降运动占优势，断裂方向主要是北西西—南东东，形成了现代狭窄的地垒式山岭和宽阔地堑式谷地相间的地形，许多大河谷呈一连串两端封闭的菱形盆地。白垩纪以后表现尤为剧烈，因此，在祁连山东部、西部与南北两侧的山间盆地内发育了极厚的白垩纪红层和第三纪红层。地面出露的物质有前寒武纪变质岩，古生代沉积岩、火山岩，第三纪红层，第四纪洪积、冰碛物、冲积物和黄土等。主要岩石有片岩、板岩、砂岩、千枚岩、砂页岩、页岩、红砂岩、石灰岩、花岗岩、花岗片麻岩等。主要地貌类型为冰川霜冻作用形成的冰川、冻土地貌，水蚀切割作用形成的谷地和风蚀作用形成的风沙地貌等。新构造运动在祁连山极为活跃。古夷平面、河流阶地及山麓叠置的扇形地证明第三纪以来地面在间歇性隆升。祁连山西高东低，也可分为东、中、西三段：扁都口以东为东段，海拔低于4000 m；扁都口至北大河谷之间为中段，山势较高，切割强烈，海拔在4000～5000 m之间；北大河谷以西为西段。中、西段为主要冰川分布区，东段的冰川雪线有逐渐上升的趋势，中、西段的冰川雪线变化不大。祁连山东部气候较湿润，谷地降水量为300～400 mm，高山降水量在400 mm以上。在海拔2500～3200 m地带有云杉林或森林破坏后的亚高山草甸，海拔3600 m以上为现代冰川，山坡陡峭，岩石裸露；海拔3000～3600 m为古代冰川雕刻作用形成的缓坡岩屑堆积带，再下为一般流水侵蚀带。祁连山中段气候渐转干燥，肃南附近的森林上限升至海拔3500 m左右，酒泉以西看不到森林，现代冰川作用的下限是海拔4100 m，古代冰川作用下限海拔在3000 m左右；祁连山西段和南部更干燥。肃北、阿克塞以南地区，谷地降水量为50～100 mm，山地降水量在150～200 mm，现代雪线高度升至海拔4500～4800 m，海拔5000 m左右为冰川，整个山地是荒漠与半荒漠景观。地貌垂直分布带是：海拔4000 m以上为冰川与霜冻作用占优势带；海拔3000～4000 m为半荒漠性黄土、岩屑混杂的缓坡带，有较明显的泥流作用；再下为半荒漠性干沟发达的干燥剥蚀占优势的地带。介于阿尔金山、党河南山与赛什腾山-土尔根达坂山之间的苏干湖盆地，海拔为2800～3000 m，其西端与柴达木盆地相连，东接大哈勒腾河、小哈勒腾河谷地。大苏干湖为碱水湖，小苏干湖为淡水湖，大苏干湖、小苏干湖之间分布着沼泽洼地和盐碱地，生长着芦苇和芨芨。其外围为沙漠与戈壁，风积沙丘多为新月形和垄岗状沙丘。苏干湖区为冲积湖积平原，大哈勒腾河谷、小哈勒腾河谷为冲积洪积砾石平原和洪积冲积砾石平原，并有第三纪红岩丘陵和削平构造的变质岩丘陵突起在平原之上。祁连山西段自高而低分布的土壤有高山寒漠土、高山漠土、高山草原土、亚高山草原土和亚高山草甸土、棕钙土、灰棕漠土；祁连山东段的土壤为高山寒漠土、高山草甸土、亚高山草甸土、灰褐土、黑钙土、栗钙土、灰钙土。由于地貌类型、阳坡和阴坡、水热条件有差异，其分布情况变化较大。近来研究表明，浮尘对祁连山的雪线升高、冰川融化有促进作用。

（2）北山山地

位于河西走廊北部的马鬃山、合黎山、龙首山等山统称北山或走廊北山，为一列断续的中山山地，西部和东部高，中部低，大体呈西北—东南走向，长达千余千米，多为系准平原化的干燥剥蚀山地、波状起伏的剥蚀高原和平坦的洪积平原。山地海拔为1500～3400 m，相对高度为500～1000 m。西部的马鬃山地区，有明显的东西走向的平行山谷，海拔一般在2000 m左右，山岭低矮而窄狭，谷地宽展，比高为10～300 m，马鬃山主峰海拔为2583 m，大部属中、低山，山间有残积洪积戈壁平原；合黎山山势低矮，由西北向东南呈带形分布，海拔为1400～1900 m，属石质低山残丘，东端和西端山口有风沙侵袭，形成高大的沙岗地貌；龙首山是一列略显陡峻的中山，一般海拔为2000～3000 m，北坡陡，南坡缓，主峰东大山海拔为3616 m，为北山最高峰，山地阴坡有少量的林木。北山在断块上升的初期，较为高峻，但由于具有地台的稳定特征，上升幅度不大，加之长期外力风化剥蚀，不断被夷平为剥蚀高原，低凹盆地则普遍被洪积物填高。北部沙漠地貌极为发育，分别与巴丹吉林沙漠和腾格里沙漠相接。马鬃山主要有绿色、黑绿色片岩，板岩，花岗岩，闪长岩，辉长岩等；合黎山准平原化的岛状山由花岗片麻岩风化的残积坡积物组成；龙首山有千枚岩，板岩，红砂岩，砾岩，紫色、杂色泥灰岩，石英岩，灰岩，不同时期喷出的花岗岩等。北山气候极度干燥，水源缺乏，呈荒漠景观，多砾质戈壁和风蚀残山，只有少数洼地中心有泥漠和苦水泉。土壤有灰棕漠土、风沙土、石质土、粗骨土等。

（3）敦煌-河西走廊

敦煌-河西走廊位于甘肃省西部，因在黄河以西，故叫“河西走廊”，也叫“甘肃走廊”，东起乌鞘岭，西至甘新边界，地势自西北向东南倾斜，海拔为1000～1500 m，由于受祁连山褶皱隆升和阿拉善-北山地台隆起的影响，南北宽几千米至百余千米，东西长达1200 km，为一狭长地带。在河西走廊两侧冲积、洪积扇上突起一些干燥剥蚀的丘陵和山地。从地质构造和沉积相上看，河西走廊与祁连山褶皱系之间的山前拗陷，始于二叠纪—三叠纪，至侏罗纪大量接受沉积，第三纪沉积了红色岩层；第三纪晚期，受新构造运动的影响，祁连山迅速上升，在山前凹陷形成了第四纪砾石层。在玉门至高台之间，砾石层厚达300～700 m。目前，整个走廊地面覆盖着从祁连山冲刷下来的砂卵砾石、亚砂土和亚黏土。山前拗陷带的新构造运动非常强烈，形成以逆掩断层为特征的断块山，突起于平原之上。这些断块山植被稀疏，其坡面多为残积物所覆盖，干沟稠密而很少有流水活动。大黄山（焉支山）将石羊河和黑河两个水系分开，形成了武威和张掖—酒泉冲积平原，石羊河及其支流灌溉武威绿洲、民勤绿洲和永昌绿洲，黑河灌溉张掖绿洲。黑山与宽台山分隔疏勒河和北大河（陶勒河）形成疏勒河平原和酒泉平原（酒泉盆地）；流经酒泉的北大河灌溉嘉峪关绿洲、酒泉绿洲和金塔绿洲，在疏勒河的下游，危山与东巴兔山将疏勒河中下游冲积、洪积平原和祁连山麓洪积平原隔开。疏勒河自南山向北流经昌马盆地出山后经玉门镇转向西，最后汇入敦煌以西的哈拉诺尔，但在安西西湖以西疏勒河已逐渐断流。疏勒河主要灌溉玉门绿洲、安西绿洲。疏勒河的支流党河，灌溉敦煌绿洲。河西走廊具有明显的构造盆地特征，由数个构造盆地组成，如武威盆地、张掖盆地、酒泉盆地、安（西）敦（煌）玉（门）盆地、民勤—潮水盆地、金塔—花海盆地，因此在地貌上也有将河西走廊分别以上述盆地称呼。河西走廊东、西、南、北沉积物差异明显，逐渐过渡：张掖以东有黄土分布，且愈往东愈厚；张掖以西沙漠戈壁面积增大，风力作用增强，不仅有黏土阶地经风蚀作用形成的雅丹地貌，而且有风力堆积而成的沙岗沙垄、沙丘链。由南（玉门）向北（高台），第四纪沉积物可分为五个带：南山北麓坡积物带、洪积扇带、洪积冲积扇带、冲积带、北山南麓坡积带。这些沉积物是流水作用的产物，也可作为地貌分带。该地区太阳总辐射量为5800～6400 MJ/($m^2 \cdot a$)，年平均温度为4.8～9.3 ℃，冬季温度为-11～-7 ℃（一月份平均气温为-12～-8 ℃），极端最低温度为-33 ℃，夏季为25 ℃（7月平均气温为18～23 ℃），极端最高温度为40 ℃，安西曾达45.1 ℃（1944年7月13日）。气温年较差河西为30～34 ℃，敦煌为34 ℃。年平均日较差为13～16 ℃，年平均最大日较差为26～32 ℃。据资料计算，年平均土温比年平均气温高2.4～3.0 ℃。降水量由东向西，由南向北减少（见表3-8），平均经向每度递减率为96 mm，纬向每度递减率为123 mm。河西5地市年降水量为36～360 mm，敦煌最少，平均为38.8 mm，最少年份仅6.8 mm。降水主要集中在7—9月，降水年变率较大，达37%。蒸发量由东南向西北递增（见表3-8），河西走廊南部山区海拔为800～1200 mm，河西走廊中部海拔为1300～1800 mm，西北部海拔为2000 mm以上。

表3-8　甘肃各地气候状况

Table 3-8　Climate features in Gansu

	敦煌	安西	玉门	金塔	鼎新	酒泉	民勤	临泽	张掖	武威
年降水量/mm	36.4	41.7	54.9	59.1	54.9	83.2	110.2	105.8	120.0	162.5
年蒸发量/mm	1703.1	1552.4	1421.7	1258.2	1084.6	1028.2	1265.2	1087.3	959.0	984.6
干燥度	33.0	37.2	25.8	21.3	19.7	12.3	11.4	10.2	7.9	6.1

注：$D=Er/P$，D为干燥度；式中$Er=fE_0$，f为随季节而变的系数，5—8月为0.8；E_0为年平均水面蒸发量；P为年平均降水量。

3.3　内蒙古中西部地区

本书研究的区域是与浮尘、扬沙、沙尘暴发生有关的区域，主要指大兴安岭以西的内蒙古自治区。该区东部是大兴安岭，西部是马鬃山；中部由东西走向的阴山南北分隔；中西部由东北—西南走向的贺兰山东西分隔，使本区分成明显的三大片：阴山以南是河套平原和鄂尔多斯高原；大兴安岭以西、阴山以北是广阔而波状起伏的内蒙古高原，自西向东分布着呼伦贝尔高原、锡林郭勒高原、乌兰察布高原；贺兰山以西为戈壁和沙漠覆盖的阿拉善高原（巴彦淖尔高原）。本区可分为两个浮尘发生区：

3.3.1　内蒙古中部浮尘发生区

（1）地形特征

内蒙古高原的构造基础，基本上受北北东向新华夏系构造带和东西向构造带的控制[5]。反映在地貌轮廓上，主要受东北—西南走向的大兴安岭和贺兰山、东西走向的阴山山地的控制。这几个山地是内蒙古大地形的明显分界，也是我国重要的自然界限，使内蒙古自治区的各自然地理要素、气候、土壤、植被、水文等都呈带状分布。大兴安岭以西为内蒙古高原，经长期堆积剥蚀，已准平原化，内部丘陵低地波状起伏。阴山以北至中蒙边境为内蒙古高平原，其地势由南向北、从西向东缓缓倾斜，地面开阔，平缓起伏，切割轻微；阴山南部的鄂尔多斯高平原为剥蚀切割的黄土丘陵和沙地所覆盖，阴山和鄂尔多斯高原之间的山前断陷沉降带为河套平原。

①大兴安岭山地

大兴安岭位于内蒙古高原的东缘，北北东走向，长1400 km，宽约400 km，海拔为500～1500 m，个别山峰海拔超过1700 m，为湿润与半干旱之间重要的天然分界。大兴安岭在构造上属于新华夏隆起带，中生代后期经剧烈的隆起和阶状断裂，经长期的侵蚀，为准平面。新构造运动沿古断裂线继续发展。大兴安岭的西侧随蒙古高原不断上升，地势增高，山麓以下，丘陵起伏，向西渐没于呼伦贝尔和锡林郭勒高原，广泛发育了森林与草原交错的植被。东侧坡面陡峻，形成不对称的阶梯状山形。基岩由花岗岩、石英粗面岩等组成，经长期风化，形成浑圆的山势，并有大量喷出的玄武岩，构成大片熔岩台地。 大兴安岭地貌可以洮儿河为界，分为南、北两段。北部山势低平，海拔为1000～1100 m，属中低山地，有分散的永冻土层。南段陡峻，海拔在1000～1800 m，属中山山地。大兴安岭是气候、内外流水系的自然分界。东坡受海洋气流的影响，湿润；西坡大陆性气候明显，寒冷干燥。

②阴山山地

阴山山地东西横列于内蒙古高原的南缘，长1000多千米，由西向东包括狼山、大青山、乌拉山、阴山等山地。南北宽50～100 km，西部稍宽，在150 km以上。地貌呈块状的中低山。海拔在1600～2000 m之间，西部高，东部低，由于地面基础较高，山峰多为海拔500～600 m的低山丘陵。阴山山地南北不对称，北连锡林郭勒与乌兰察布高原，地势向北倾斜。山麓下，丘陵与盆地相间，呈波状起伏，再向北与广阔的草原相连。南坡下临断陷平原，山势陡峻，形成南急北缓的不对称的单面山。山脉西段陡峭，东段缓和，山顶保持着大致等高的平面，为古老的夷平面。山地中间断裂形成多个山间盆地，发育成良好的草场。山间碎屑物随洪水冲出山口，形成广阔的山前洪积扇，下缘发育潴水的湖泊洼地。山脉东与冀北和辽西山地相连，北与大兴安岭连接成弧形山脉，围绕在高原的南部和东部边缘，成为南北的天然分界，也是农业向牧业过渡的重要界限。

③内蒙古高平原

内蒙古高平原包括北部高平原和南部鄂尔多斯高平原。北部高平原是指大兴安岭以西、阴山以北和贺兰山以东的广大地区。大约以北纬42°线以南为东西向构造带（山地），线以北为新华夏沉降区（高平原），沉积深厚的海相物，几经隆起、夷平和沉降，形成现代丘陵与盆地相间、起伏轻微的高平原面。低山丘陵主要由变质岩、花岗岩等组成，盆地以红色砂岩、沙砾岩为主，其上覆盖着第四纪松散物质。包括北部的呼伦贝尔高原拗陷区、西部的巴彦淖尔倾斜高原、中部的乌兰察布层状高原、东部的锡林郭勒波状高原。

锡林郭勒高平原东邻大兴安岭，南接阴山北麓，西部大致以集宁—二连浩特线与乌兰察布高原分界，海拔为600～1600 m。地势南北高，中间略低，形成许多冲积、洪积小平原。水流内注，形成许多内陆湖泊和盐碱洼地。山脉走向为北部呈北北东走向，南部呈东西向，坡度起伏缓和。高原中盆地、干谷交错排列，形成起伏轻微的波状平原，包括索林诺尔洼地、阿巴咙熔岩台地、浑善达克沙地等。

索林诺尔（又称乌拉盖）洼地在高平原东北部，是一个断陷盆地，也是乌拉盖河下游地表水和地下径流汇集的地方。在冲积平原中，河谷洼地、河漫滩与湖泊相连，形成盐渍化草甸草原和盐渍化沼泽，冲积平原下部发育了河湖相沉积的洼地。

阿巴哝熔岩台地在本区北部，北起国境，南至达赉诺尔，长250 km，为大片玄武岩台地。岩顶海拔超过1400 m。台间低地，水草良好，台地顶部，缺水，形成缺水草场。

浑善达克沙地在本区南部，为东西长200 km、南北宽10 km、高15～20 m的垄岗沙带，面积为23300 km^2。固定、半固定沙丘占98%，流动沙丘占2%。降水汇集在丘间低地，形成短促水流。沙丘上生长灌丛或小片森林，丘间发育草原或湿润草甸，为良好的草场或冬季牧场。

乌兰察布是古湖盆上升而成的构造剥蚀高原。地势由南（海拔1500 m）向北（海拔900 m）逐渐降低，至国境略有升高。其间有四五级逐渐下降的平坦面，形成层状的高平原。地面被河流侵蚀切割，形成南北向台间洼地。大陆性气候强，风沙大，地下水埋藏很深，水分缺乏，草原逐渐过渡到荒漠化草原和荒漠植被。

西部巴彦淖尔高原，由于狼山的隆起，地势向北倾斜；南部海拔为1300 m，北部海拔降至900 m，至边境又升高，形成倾斜的高平原。强烈的风蚀作用，形成东北—西南向的石质残丘、垄岗和一系列宽浅的风蚀洼地，丘岗间堆积着松散的沙砾岩、泥岩等，成为沙漠的主要物质来源。北部洼地中分散着砾质戈壁，西南部亚玛雷克沙漠、乌兰布和沙漠与狼山前沙丘相连，荒漠景观明显。

④鄂尔多斯高原

鄂尔多斯高原三面被黄河环绕，南与陕北黄土高原相邻。海拔在1100～1600 m间，地势微向东倾斜，是一个稳定的古陆块。高原上广泛出露白垩纪砂岩，第四纪湖积、冲积物广布，经长期的风蚀，形成残积物与现代沙丘相间分布的丘陵地貌。北有库布齐沙漠，南有毛乌素沙漠，东部为黄土丘陵；中西部鄂托克为高原主体，风蚀残丘与风蚀洼地交错排列。中部平坦，大部地区为风沙覆盖。高原内河流稀少，盐碱湖泊洼地呈西北—东南向带状分布。

⑤河套平原

河套平原为阴山山地和鄂尔多斯高原间的断陷盆地，包括山前洪积扇和下部冲积平原，组成东西狭长的倾斜平原，海拔为1000～1100 m，基底为深厚的湖积-冲积物，上覆细沙和黏土。洪积扇与冲积平原交接处，形成许多湖泊与洼地。包头（或乌拉山）以西的河套平原一般称为后套，包头以东为前套（土默川）平原。河套土质肥沃，灌溉便利，但灌溉余水不能宣泄，土壤次生盐渍化现象日趋严重。

（2）气候特征[6]

本区地形对气候的形成有显著的作用。大兴安岭、阴山和贺兰山阻挡了东南海洋季风的向北推进，也阻碍了西伯利亚高压气流的南侵，使东南半部受海洋季风的影响，西北部受大陆高压气团的控制。从东南向西北明显地由湿润的海洋气候逐渐过渡为干燥的大陆性气候，形成东南部湿润、西北部干燥多风的气候格局。研究结果表明，由于山地的阻挡，东南季风的最北界停留在大兴安岭—河套—贺兰山—乌鞘岭一线。

研究区处于内蒙古高压的东南边缘，春季冷空气活动频繁，冷空气南下经过地势平坦的高原和平原，一路畅通无阻，当遇到大兴安岭和阴山的阻挡时，冷空气储留聚集，致使大兴安岭以西和阴山以北的地区，气温特别低。气流翻山后，由于下沉增温作用，山的另一侧气温较高。由于贺兰山、狼山的影响，贺兰山以东为温带半干旱草原气候，贺兰山—狼山以西为暖温带草原荒漠气候。

内蒙古的气候主要受四个气压系统的控制，蒙古高压是影响内蒙古气候的主要气压系统，其中心强度超过1035 mb；阿留申低压在海面，其中心强度<1000 mb；太平洋副热带高压是暖高压，其中心强度超过1027 mb；印度洋低压，其中心强度低于997 mb。

本区位于高空西风带范围，再加地面四个高低压系统的活动，气候变化无常，常发生大风和沙尘暴天气。冬季在蒙古高压的控制下，盛行偏北方向的气流。每当蒙古高压向南扩展，即有寒潮南侵。受大兴安岭、阴山和贺兰山的阻挡，冷空气停滞，温度下降，气压升高，北风增强，高原气候寒冷而干燥。冷气团越过山岭，下沉增温，使气温上升，发生山地与平原气候的差异。一般年平均气温山前平原较山地高4 ℃以上。同样，东南季风带来的水汽遇阴山和贺兰山的阻挡，气流上升，使山地与山前平原降水量增加100～200 mm，形成山前平原温暖湿润，山北和山西高原干燥。

大气环流是气候变化的重要因素，与近地面气压分布有密切的关系。由于受高空西风带气流活动的影响，大气环流的季节变化明显。冬季，高原在蒙古高压的控制下，而东南海洋面则受阿留申低压的控制，此时盛行由大陆吹向海洋的季风，天气寒冷干燥，晴朗多风，时常形成寒潮和风暴；春季，蒙古高压和阿留申低压逐渐衰退、消失，太平洋暖高压和印度洋低压开始形成、发展，两套气压系统之间形成一条东北—西南向的气流辐合带。由于南北两支气流互相推进，天气变化不定。每当低压槽自西向东移动时，就发生大风。夏季，大陆上空急剧增温，印度洋低压移向中国大陆，与东北方向的阿留申低压汇合。同时，太平洋高压气流已达极盛时期，并向大陆移动，形成由海洋吹向大陆的季风，当海洋气流移至本区上空时，含水汽充沛，常能降雨。秋季（9月以后），太平洋高压逐渐衰退，蒙古高压又渐扩张，形成秋高气爽的天气。春秋雨季每当高压气压交错时期，气压活动中心很不稳定，时常有大风发生。

该区冬季温度低，持续时间长。锡林郭勒、乌兰察布高原、阴山山地及丘陵区，冬季（候平均气温≤5 ℃）长约200天，河套平原、鄂尔多斯高原及巴彦淖尔高原约150天；1月份平均气温为-12～-19 ℃，见表3-9。夏季短热，巴彦淖尔（如老东庙）夏（候平均气温≥20 ℃）长90～100天，河套60～70天；7月份平均温度为19～27 ℃，巴彦淖尔个别地方（老东庙等地）达到27～34 ℃，最高超过40 ℃。春季升温快。表3-10表明，3—6月升温较大，7月以后，升温下降。由于春季太阳辐射增强，所以升温幅度大，此时也是浮尘高发期。

表3-9 内蒙古中部各地气候状况

Table 3-9 Climate features in middle regions of Inner Mongolia

地点	锡林浩特	二连浩特	多伦	集宁	呼和浩特	百灵庙	包头	扎萨克	巴彦高勒	老东庙
年均温/℃	2.1				6.0	3.4	6.7		7.8	
1月平均温度/℃	-19.0	-18.0	-18.0	-14.4	-13.5	-17.0	-12.7	-11.6	-11.0	-12.9
7月平均温度/℃	20.5	22.7	19.0	19.6	22.0	20.4	22.8	22.0	23.9	26.7
气温年较差/℃	39.5	40.7	37.0	34.0	35.5	37.4	35.5	33.6	34.9	39.6
≥10℃积温	2141.3	2624.6	1999.5	2180.8	2840.0	2205.1	3001.7	2662.6	3370	3689.4
降水量/mm	346.4	149.7	426.5	378.4	412.6	278.2	325.7	414.7	138.5	—
蒸发量/mm	1703.4	2694.3		1872.9	1947.3	2516.3	2432.2	2383.6	2395.6	3709.3
大风日数(≥8)	—	91.8	—	—	48.2	59.8	42.9	—	15.1	55.9
沙暴日数 春季风速(4～6)m/s	8.7 4.3	8.9 5.1	—	3.3	7.2 2.5	—	31.0 3.7	21.6 3.9	12.8 3.6	20.9 5.3

注：百灵庙，现为达尔罕茂明安联合旗；集宁，即乌兰察布市集宁区；巴彦高勒，即磴口县；扎萨克，即新街镇；老东庙，即赛日川吉。

表3–10　相邻两月之间的温度差（℃）

Table 3–10　Temperature difference between two adjacent months in Inner Mongolia（℃）

地点	锡林浩特	二连浩特	多伦	集宁	呼和浩特	百灵庙	包头	扎萨克	巴彦高勒	老东庙
4—3月	8.9	9.2	8.3	7.4	7.1	7.2	7.4	6.7	7.7	8.5
5—4月	7.1	7.2	7.2	7.0	7.2	6.8	7.2	7.1	7.5	7.7
6—5月	6.3	6.6	4.9	5.0	6.0	6.2	5.7	5.3	5.7	6.2
7—6月	2.8	2.7	3.2	2.5	1.9	2.1	1.7	2.2	1.6	2.5

由于气候干旱，年内太阳高度变化大，研究区气温年较差、日较差大。气温年较差一般为33～44 ℃，最大气温年较差可达84 ℃之多。气温日较差高于附近地区（东北、华北），可与新疆相比。气温年平均日较差一般为12～16 ℃，由东向西增大。说明干燥度越大，气温日较差越大。一般4—5月气温日较差最大，此时气温日较差可超过23 ℃。

风速的分布由南向北增大。阴山以北风速超过4 m/s，部分地区（如乌兰察布高原）风速超过5 m/s，大兴安岭西麓、阴山以南及鄂尔多斯高原等地风速小于4 m/s。风速的季节变化是春季最大，顺序是春＞冬＞秋＞夏。春季大部分地区平均风速超过5 m/s，部分地区超过6 m/s。

降水量变异较大。大兴安岭的西部（多伦）、阴山（集宁）、鄂尔多斯（伊克昭盟）东部及前套为450 mm，锡林郭勒高原、鄂尔多斯（伊克昭盟）西部只有250～350 mm，乌兰察布高原、后套不到250 mm，巴彦淖尔高原小于100 mm，其中西部少于50 mm。降水年内分布不均，冬春降水一般占全年的20%，且自东南向西北减少，巴彦淖尔（阿拉善）高原少于15 mm。降水主要集中在夏季，占全年的60%以上，甚至超过70%。降水常以暴雨的形式降落，多数地区一次降水超过50 mm，阴山南部有超过100 mm的记录，如呼和浩特一次最大降水竟达193.2 mm，占年平均值的50%。24小时的最大降水量大部分地区都在60 mm以上，许多地区超过100 mm，如呼和浩特1959年9月27日达210.1 mm，包头10分钟降水曾达44.8 mm，占全年的15%。

多风、大风是研究区一个重要特点。由于所研究地区处于冷暖气流的交汇地带，高低压天气系统进退频繁，再加上地形引起的地方性山地风的影响，各地风向多种多样。总的来讲，10月—次年5月，研究区处于蒙古高压中心的东南缘，盛行西北风；夏季，在太平洋高压的影响下，盛行偏南、偏东风。

研究区大风（≥8级）日数颇多。大部分地区年平均大风日数都在40天以上，高原和山口超过60天，最多的地方是锡林郭勒盟阿巴嘎旗的吉尔嘎郎图，达123天，阿巴嘎旗的新浩特镇（汗贝庙）达132天。

冬春季节，研究区在蒙古高压的控制之下，寒潮特别多，尤其是春季，4～7天就有一次寒潮过程，寒潮发生时，一般伴有大风。冬季大部分地区有5～15天的大风，部分地区超过20天；春季大风日数增多，大部分地区超过15天，一些地区超过30天，新浩特镇（汗贝庙）达60天之多。

由于研究区风速大，大风日数多，沙漠广布，大风常将地表的沙尘吹起，形成扬沙、沙尘暴和浮尘。除山区以外，多数地区每年都有5～10天的沙尘暴，西部个别地区超过30天。沙尘暴一般发生在沙漠边缘、风速大、大风日数较多的地方。沙尘暴发生频率较大的地方有：阿拉善沙漠区，多在15天以上，不少地区超过30天，如瓜子湖32.7天、虎勒盖33.8天；阴山南部，河套区的临河—包头一带30～31天；鄂尔多斯市（伊克昭盟）南部伊金霍洛旗的新街镇（扎萨克）—双海庙一带达20天。沙尘暴主要发生在3—6月，占年沙尘暴日数的75%[7]。

大青山北麓沉积的黄土粗颗粒（10～50 μm）和细颗粒（<5 μm）之比可以反映古气候环境。粗颗粒含量高，说明冬季寒冷干燥的风强烈，细颗粒含量高说明温暖潮湿的夏季风（季风）强烈。该剖面细粒含量高，说明季风影响大[8]。

冷空气直接从内蒙古北方入侵至贺兰山以东地区。

3.3.2 阿拉善高原[9]

阿拉善盟位于内蒙古西部，经纬度为东经97.10—106.52°，北纬37.24—42.47°；东西长800 km，南北宽400 km；总面积为269 885 km^2。辖阿拉善左旗、阿拉善右旗和额济纳旗；盟政府所在地为巴彦浩特镇。

阿拉善盟东有狼山、贺兰山，南有走廊北山（乌鞘岭、龙首山、合黎山），西有马鬃山，北部有戈壁阿尔泰山和阿塔斯山（海拔2702 m），形成封闭的阿拉善高原盆地。在高原盆地内有狼山余脉罕乌拉山、雅布赖山自东北向西南把高原分割为沙漠、戈壁、山地、湖盆等不同的地貌单元。

阿拉善高原盆地内部，地势东南高，西北低，由南向北缓慢降低，平均海拔为1000～1400 m，最高处为东部贺兰山主峰——达郎浩峰（海拔3556.1 m），最低点银根盆地海拔为720 m（居延海海拔为820 m）。巴丹吉林沙漠、腾格里沙漠、乌兰布沙漠和三大沙漠横贯整个高原盆地，统称阿拉善沙漠，总面积为8×10^4 km^2，居国内第二，世界第四。

阿拉善盆地与山地的构造格局是从三叠纪到侏罗纪形成的[10]。至白垩纪，阿拉善北部和东部抬升，而中心区成为碎屑覆盖的大型盆地。第三纪末期，受新构造运动的影响，大陆逐渐隆升；上新世—更新世，阿拉善成为阿尔泰山戈壁与祁连山之间的内陆高原盆地，气候趋于干旱，地层中发育了石膏，开始了荒漠化的演化过程。至中更新世早期，地形准平原化，气候变得相对湿润，发生冲积、洪积过程，局部形成湖泊。早更新世末期，气候趋于干冷，湖泊萎缩，出现了沙漠化过程。随着青藏高原的进一步隆升，至中更新世，阿拉善变为封闭内陆，旱化加剧，风沙沉积过程强烈。晚更新世，沙漠扩大。晚更新世末期—全新世，进一步旱化，乌兰布和沙漠、腾格里沙漠、巴丹吉林沙漠形成，东部为贺兰山，南部由龙首山、合黎山、马鬃山环绕，中部由罕乌拉山、巴音乌拉山、巴音诺尔公山、沙尔扎山以及雅布赖山分布的地貌格局形成，山体高度为中山，局部达到高山。贺兰山和龙首山基底由下元古界变质岩构成，山体高度为中山，局部达到高山；罕乌拉山、巴音乌拉山、巴音诺尔公山、沙尔扎山以及雅布赖山主要由中元古—二叠纪的碳酸岩、火山岩组成。阿拉善东北部的银根盆地和乌力吉盆地沉积了白垩系—第三系沉积物，白垩系上统为砂岩、砂砾岩，表层为第四纪松散沉积物；西部的红柳大泉盆地和乌兰布拉格盆地，主要沉积物是侏罗系和第三系的碎屑岩；东南部的锡林郭勒—李井盆地、潮水盆地和雅布赖盆地主要为白垩纪下统的陆相碎屑岩和第三系碎屑岩，弱水冲积平原、贺兰山、雅布赣山山前倾斜平原由第四系冲积、洪积和湖积物组成。

阿拉善盟水资源比较贫乏，东部黄河过境85 km，西部额济纳河是唯一的内陆河流；地下水分布不均，水质较差，为淡水、咸水和半咸水；三大沙漠内聚集形成的湖泊，水质较好。

阿拉善盟植被稀疏，主要植物是旱生、超旱生灌木、半灌木所形成的草原荒漠、荒漠植被，建群种主要有梭梭、红砂、珍珠、泡泡刺、霸王、麻黄、沙蒿、藏锦鸡儿等。阿拉善高原周围群山环绕，从山区到盆地中心地带性特征十分明显，从东南向西北依次为草原荒漠、荒漠及极端干旱荒漠。

草原荒漠：主要分布在狼山的余脉罕乌拉山、阿拉善右旗雅布赖山、贺兰山、龙首山山地垂直带的基带山前倾斜平原，海拔为1300～1500 m。降水量为100～200 mm，土壤为灰漠土。该区内植物较多，优势植物为超旱生的灌木、半灌木、珍珠柴、麻黄、红砂、沙冬青，强旱生的小禾草（如沙生针茅、戈壁针茅、无芒隐子草）占荒漠总面积的30%。

荒漠：主要分布在阿拉善中部、腾格里沙漠以北、乌兰布和沙漠以西的高平原地带。降水量为60～100 mm。典型植被为小半灌木和小灌木，草本植物稀少，如红砂、珍珠、泡泡刺等。土壤为灰棕漠土。

极端干旱荒漠：位于阿拉善最西端、居延低地至诺敏戈壁之间。这里气候极端干旱，年降水量<50 mm，≥10 ℃的有效积温为3500～4000 ℃。平原和丘陵均

为砾石覆盖，土壤为石膏灰棕漠土；以裸地为主，伴少量的灌木、半灌木。

阿拉善高原的土壤自东向西由半干旱向干旱、极端干旱过渡，依次是淡棕钙土（山地荒漠草原与草原荒漠）、灰漠土（草原荒漠）、灰棕漠土（荒漠）、石膏灰棕漠土（极端干旱荒漠）。

阿拉善高原地处大陆腹地，东距海岸线2300 km，南距海岸线4300 km，周围群山阻隔了水汽的进入，形成典型的中温带大陆性气候。其特点是降水稀少，日照强，温差大，异常干旱。东部贺兰山年降水量可达216 mm，贺兰山脚下的巴彦浩特（阿拉善左旗政府所在地）为211 mm，西部为36 mm[11]；南部为110 mm，北部只有60～85 mm，见表3-11；降水主要集中在7—9三个月，占全年降水量的59%～75%。大部分地区蒸发量为2348～4203 mm，有些地方高达4700 mm[12]。干燥度在4.0以上。

表3-11　阿拉善盟九个气象站的平均温度、降水量、大风和沙尘暴日数

Table3-11　Average temperature，rainfall，gale and sandstorm days at the nine stations in Alashan[13，14]

气象站	阿右旗	巴彦浩特	额济纳	拐子湖	吉兰太	中泉子	头道湖	诺尔公	锡林郭勒
1月均温/℃	-8.30	-8.60	-11.30	-11.00	-9.80	-8.94	-9.65	-11.85	
7月均温/℃	24.04	22.90	26.75	27.40	25.70	25.59	23.90	23.95	24.86
年平均温度/℃	8.71	8.09	8.76	9.22	8.99	9.22	8.28	6.90	8.44
降水量/mm	114.7	211.12	35.56	51.99	106.18	85.34	150.22	115.06	142.9
大风日数	49.15	17.13	68	57	27.7	16.95	19.56	35.98	34
沙尘暴日数	10.9	8.3	16.7	30.5	16.8	12.7	11.8	18.0	9.96

阿拉善盟年总辐射量为649.7 kJ/cm^2，日照时数为3300～4700 h/a，年平均气温为6～8.5 ℃，极端最高气温为41.6 ℃，极端最低温为-36.4 ℃。日温差一般在10～20 ℃，沙漠、戈壁地表温度>70 ℃，地表温差达40～50 ℃，夏秋可达60 ℃[15]。

40年的气象资料分析表明，阿拉善高原应属中温带向暖温带过渡的气候区。因为大部分地区年均温达8 ℃，≥10 ℃的积温多为3200～3600 ℃，见表3-12；部分地区如老东庙等地可达3800 ℃以上，按气象部门的标准，已达或接近暖温带指标。但是冬季平均温度和极端最低温较低（-36.4 ℃），故被认为是中温带至暖温带的过渡型。如果从生长季节来看，应属暖温带荒漠气候[16]。

表3-12 阿拉善各地≥10 ℃积温

Table 3-12 ≥10 ℃ Accumulated temperature at many meteorological stations in Alashan

气象站	呼鲁秦古特	吉诃德	额济纳	拐子湖	阿拉善右旗	中泉子	巴彦毛道	巴彦诺尔贡	吉兰泰	巴彦浩特	头道湖
≥10 ℃积温	3552.7	3669.8	3648.4	3693.0	3291.5	3363.3	3107.1	3004.3	3573.5	3004.5	3147.9

阿拉善盟大风（>17 m/s）日数北多南少，北部达50～100天，如额济纳旗的哈日布日格68天、呼鲁赤古特107天、阿拉善左旗巴音毛道47天、阿拉善右旗上井子49天；南部约15～30天，如腰坝28天、巴彦浩特17天；其他地区的大风日数见表3-11。其中，4月占全年的15%，5月占14%；春季（3—5月）占39%，夏季（6—9月）占31%，秋季（10—11月）占16%，冬季（12—2月）占15%。平均风速为3.1～4.5 m/s，最大风速为29 m/s。阿拉善盟的平均沙尘暴日数为8～28天，各地全年及各季节的大风日数和沙尘暴日数见表3-13和表3-14。

表3-13 1961—2007年阿拉善盟各站不同季节平均沙尘暴日数（天）

Table 3-13 Average dust storm days each season at many meteorological stations in Alashan from 1961 to 2007

台站	春季	夏季	秋季	冬季	全年
额济纳旗	6	4	0	1	11
拐子湖	13	9	3	3	28
阿右旗	3	2	0	1	6
雅布赖	5	3	0	3	11
阿左旗	5	2	0	0	7
吉兰太	5	2	0	0	7
乌斯泰	6	2	0	1	9
诺尔公	7	4	1	2	14
平均	6	4	1	1	12

阿拉善高原沙尘暴发生的机制一是受大尺度天气系统控制，与冷空气（冷高压）南侵有关[17]。春季，冷高压自成海经巴尔喀什湖，南下（或向东）至新疆，东移入侵阿拉善地区。伴随冷空气活动，冷锋前气压大幅度下降，形成一股上升气流，从1500 m上升到7000 m；冷锋后气压急剧上升，产生一股沿锋面的下沉气流，两者之间形成巨大的压差风；冷锋附近的上升气流和下沉气流，卷起地面

的沙尘，吹向高空，形成沙尘暴。二是与中小尺度的天气系统有关，阿拉善地区地表多为裸露的沙漠戈壁，白天受热增温，气流上升使大气层结很不稳定；如果遇到5000 m高空有一股风速>30 m/s的高空西风急流，有利于湍流的发展，形成中小尺度的对流运动，导致大量沙尘被气流卷起，形成了沙尘暴。

表3-14　阿拉善地区历年各月沙尘暴和大风平均日数（天）

Table 3-14　Average gale and sandstorm days in each of the month per annum in Alashan

月份	1	2	3	4	5	6	7	8	9	10	11	12
沙尘暴	0.5	0.7	1.7	2.7	2.6	1.7	1.4	0.8	0.4	0.3	0.4	0.4
大风	0.7	1.4	3.1	5.0	5.6	4.6	4.1	2.9	1.7	1.2	1.4	1.1

西部甘肃境内的马鬃山虽然海拔只有2580 m，但是，北部内蒙古境内有阿塔斯山（海拔2702 m），位于马鬃山北侧的中蒙边境的呼鲁赤古特恰好处于两山之间的低洼地带，形成风口，成为阿拉善地区大风最多的地方。同样，阿拉善右旗也处于北大山和龙首山之间的低洼风口处，大风天气较多[18]。贺兰山主峰高度超过3500 m，一方面可以阻挡东部潮湿气流的进入，另一方面，有利于局地环流的形成。

3.4　柴达木盆地

柴达木盆地位于青海省西北部，青藏高原东北缘，为封闭的中新生代内陆高原断陷盆地，经纬度为东经90°16′—99°20′、北纬34°40′—39°20′，西宽东窄，呈不规则三角形（菱形），东西长约800 km，南北宽约300 km，面积为25.8万km²。地势由西北（海拔3000 m）向东南（海拔2600 m）倾斜。

盆地的地貌结构呈同心环状分布，从边缘至中心，洪积砾石扇形地（戈壁）、冲积-洪积粉砂质平原、湖积-冲积粉砂黏土质平原、湖积淤泥盐土平原有规律地更替，依次呈现戈壁、丘陵、平原、湖泊的景象。四周山前倾斜平原戈壁带（即石质荒漠）宽达25 km，顶部海拔为3200～3500 m，坡度为5°～8°，间有零星沙漠分布，多属移动沙丘，一般高5～10 m，最高50 m，是复合沙丘链。盆地西部有许多低山，经强烈风蚀形成平行排列的长岗和流动沙丘。盆地中部的赛什腾山、阿木尼克山等山体将盆地分割为苏干湖、马海、德令哈等众多次级盆地，形成了盆中有盆、盆盆相连的特殊地貌景观。盆地东南部有黄土状物质。同时，在盆地中、东部分布着大片盐湖，主要有察尔汗盐湖、茶卡盐湖、柯柯盐湖、昆特依盐湖等，盐层平均厚4～8 m，最厚达60 m，蕴藏有丰富的盐类和其他化学元素。

盆地四周高山环绕，南部是昆仑山，北部是祁连山脉，西北是阿尔金山，东部为鄂拉山。从周边山区到湖盆中心依次发育极高山、高山、丘陵、山前洪积平原、冲洪积平原、冲湖积平原和湖积平原，沼泽、盐沼及湖沼等叠置在冲湖积平原和湖积平原之上。最高点位于昆仑山的布喀达板峰（海拔6860 m），最低点位于达布逊湖南缘（海拔2676 m）[19]。

这种高低悬殊的地形，极易形成局地环流，在地面上表现为风。许多研究资料表明，柴达木盆地春、秋大风盛行，在地面留下风蚀地貌。

在盆地西北部，东起马海、南八仙一带，西达茫崖地区，北至冷湖、俄博梁之间雅丹地貌非常典型。那里由第三系的泥岩、粉砂岩和砂岩所构成的西北—东南走向的短轴背斜构造发育，岩层疏松，软硬相间。风向与构造走向一致，也是西北方向，强烈的风蚀形成了排列方向大致与风向相同的风蚀长丘和劣地。在一些褶曲隆起的穹形丘陵上也广泛分布有这种风蚀地貌。

在盆地南部，受到昆仑山的阻挡，风速锐降，风携带的物质迅速沉降，致使沙丘与戈壁交错分布于山前洪积平原上。其中比较集中的是在盆地西南部的祁曼塔格山、沙松乌拉山北麓，形成一条西北—东南走向的断续分布的沙带。北部花海子和东部铁圭等地也有小面积的分布。沙丘多为流动的新月形沙丘、沙丘链和沙垄，一般高5～50 m不等。固定、半固定的灌丛沙堆，则散布在洪积平原前缘潜水位较高的地带。

据任海燕等[20]用TM影像的研究，柴达木盆地周边广泛分布侏罗系、白垩系的地层，在盆地西部，除了有第三系上新统狮子沟组、油沙山组，中渐新统干柴沟组的地层出露外，还有第四系的风积、冲洪积、化学沉积、湖积物出露。特别值得关注的是，在盆地南部山区，沉积了一套质地为黏土和亚黏土的黄土物质；在昆仑山北麓分布了一套黄色的砂土层，几乎分布在同一平面上。在盆地的周边，特别是北部和西部，分布大片砾石层、沙砾混合层和砂层，覆于第三系和下更新统、中更新统之上，呈阶梯状分布。紧接砾石层之下，是大片的沙丘，主要分布在盆地北缘、南缘和东缘，如，察尔汗盐湖以北的平沙地，东台吉尔至南亚巴尔的沙丘链；那陵格勒沙丘，托拉海沙丘，大灶火河西南山沙丘，格尔木市附近沙丘；阿勒格尔泰山沙丘等[21]。

柴达木盆地属高原大陆性气候，气候干旱，降水稀少，蒸发强烈，见表3-15，太阳辐射强，日照时间长且多风沙。盆地温度分布为中间高，四周低，南部高，北部低。年平均气温为1.53～4.77 ℃，一月份平均气温为-9.8～-13.9 ℃，七月份平均气温为13.6～19.2 ℃[22]；极端最高气温为35.5 ℃（察尔汗达），极端最低气温为-34.3 ℃（冷湖），绝对年温差可达60 ℃以上，日温差常在30 ℃左右，夏季夜间可降至0 ℃以下。年降水量为16.09（西部冷湖）～189.73 mm（东南部都兰），并随海拔高度和经度的增加而增大，降水多集中在4—10月，占年降水量的87%～94%；年蒸发量为1973.62～3183.04 mm，东南低，西部冷湖最高，并随海拔高度的增高和经度的增加而降低（见表3-15），蒸降比为10.55（都兰）-198（冷湖），干燥度2.1～20.0。风力强盛，主要发生在3—5月，平均风速为2.2～5.1 m/s，甚至出现风速40 m/s的强风，年8级以上大风日数可达18～137天（冷湖为55天）；西部月均大风日数为10～15天。每年沙尘暴次数约为12次（格尔木）[23]，累计日数为3～16天（冷湖）[24]。

表3-15　柴达木盆地各行政区基本情况

Table 3-15　Basic information of each administrative region in Chaidamu Basin

类别	德令哈市	格尔木市	都兰县	乌兰县	天峻县	茫崖行委	大柴旦行委
年降水量/mm	176.1	176～484.4	179.1	159.3	360	17.6～46.1	82
年蒸发量/mm	2700～3500	2700～3500	2049.6	1883.7～2630.9	1613.9	3092	3600
森林覆盖率/%	12.9	2.9	3.58	12.2	2.2	0.9	1.35
坡度/°	<5	<5	<5	15～25	15～25	8～15	<5
土壤有机质/%	1.1～2.8	0.6～1.2	0.8～1.5	0.8～2.5	0.6～1.2	0.3～0.7	0.7～0.9

盆地内多为内陆水系，主要有那陵格勒河、格尔木河、香日德河、巴音郭勒河、塔塔陵河等79条，河流年平均流量为132.77 m^3/s，径流量为41.78×10^8 m^3/a，多数河流在山前平原区渗入地下，至细土平原带又大量泄出地表，地表水和地下水相互转化。盆地内有大、小湖泊63个，其中平原湖泊48个，山区湖泊15个；淡水湖16个（平原区只有1个），面积为476.9 km^2，其余均为盐湖，总面积为1490.8 km^2。

柴达木盆地自然景观为干旱荒漠，主要土类为盐化灰棕漠土、石膏灰棕漠土（盆地西部）、棕钙土、风沙土、草甸土、沼泽土，一般均有盐渍化现象。植被稀疏，种类单纯，包括四周高山总共418种，分属196个属、53科；据1981—1985年标本调查，盆地中仅有228种，常见的有20～30种[25]，以具有高度抗旱能力的灌木、半灌木和草本为主，盐生植物较多。植被结构简单，约有6/10的群丛系由一个或几个种组成。在山麓洪积扇和冲积-洪积平原上以勃氏麻黄、梭梭和红砂灌木所组成的荒漠植被群落为主；在盐性沼泽及盐湖、河流沿岸，莎草科密生形成草丘，其中占优势的有深紫针蔺、丝藨草与黑苔草等盐生植被；盐湖与沼泽外围以芦苇与赖草为主。

地面颗粒能否被吹起，与临界风速有关。

地面受热后，近地面对流层变得不稳定。能否形成浮尘的气候条件，可用理查逊数R判断[26]。其数学表达式为：

$$R=\frac{g}{T}\left(\frac{\partial T}{\partial z}+\gamma_d\right)/\left[\left(\frac{\partial u}{\partial z}\right)^2+\left(\frac{\partial v}{\partial z}\right)^2\right]$$

式中T为两个高度上绝对温度的平均值；$\frac{\partial u}{\partial z}$和$\frac{\partial v}{\partial z}$为两个高度之间的风速分量随高度的变化；$\frac{\partial T}{\partial z}$为大气温度随高度的变化率；$\gamma_d$为大气干绝热温度直减率；$g$为重力加速度。据黄青兰等在格尔木的研究，当$R>1$时，则乱流减弱；当$R<1$时，则近地面对流层变得不稳定，符合浮尘发生的气候条件。他们还计算了500～400 hPa和400～300 hPa（1 mbar = 100 Pa = 1 hPa = 0.1 kPa）两个层次的R值，发现，当$R<0.77$时，柴达木盆地易出现沙尘暴天气。

此外，温差法也可以判断近地面大气层的稳定状态。温差法指近地面两个高度之间的温度差。在垂直方向上，距地面越远（高），温度越低；一般每升高100 m，温度下降0.6 ℃。但是，春夏之际，地面升温快，高空温度下降远远超过0.6 ℃/100 m的梯度，对流加强，甚至形成湍流。当温度下降梯度（$\frac{\Delta T}{\Delta Z}$）<-1.5时，即表3-16中A、B、C时，近地面大气层处于不稳定状态，易形成浮尘天气（见表3-16）。

表3-16　温差法稳定度分类标准

Table 3-16　Classification reference about degree of stability from differential temperature method

稳定度类别	A	B	C	D	E	F
$\frac{\Delta T}{\Delta Z}$/℃/100 m	$-1.9<\frac{\Delta T}{\Delta Z}$	$-1.9\leqslant\frac{\Delta T}{\Delta Z}<-1.7$	$-1.7\leqslant\frac{\Delta T}{\Delta Z}<-1.5$	$-1.5\leqslant\frac{\Delta T}{\Delta Z}<-0.5$	$-0.5\leqslant\frac{\Delta T}{\Delta Z}<1.5$	$1.5\leqslant\frac{\Delta T}{\Delta Z}$

造成柴达木盆地大风沙尘天气的主要冷空气路径分为西北路径和偏西路径[27]。西北路径冷空气翻越天山后分为两支：一支向东进入河西走廊，再翻越祁连山影响海北地区、西宁及海东地区；另一支绕过天山后再分为两支：一支西进倒灌入塔里木盆地；另一支越过阿尔金山进入柴达木盆地，造成大风、扬尘，甚至沙尘暴天气。

偏西路径冷空气从帕米尔高原进入南疆盆地，或北方冷空气南侵（在500 hPa高空形成低压槽，低压槽在天山加深），翻越天山[28]，进入南疆，翻越阿尔金山，进入柴达木盆地，形成大风天气。

2000年4月12—13日柴达木盆地发生了一次沙尘暴[29, 30]，茫崖风速大于30 m/s，最大风速达35 m/s，能见度为0 m。从当时地面形势分析看，西伯利亚冷空气南侵后，在新疆北部沿天山形成一条冷锋，冷空气在北疆堆积，锋后冷高压达1037 hPa。与此同时，南疆盆地为热低压控制，冷锋前热低压发展，24 h降压达11 hPa。由于南、北疆之间的压差，冷锋翻越天山进入南疆，锋后出现24 m/s的大风。由于北疆气流向南疆运动，南疆气压升高。这时柴达木盆地气压降为9 hPa。冷锋移动至移至酒泉—阿尔金山一线，锋后24 h气压增加11 hPa。但柴达木盆地7个气象站的气压出现谷点。之后冷锋翻越阿尔金山，快速向东，形成大风。

柴达木盆地的特殊地理环境所形成的局地环流造成大风。柴达木盆地的下垫面为沙漠、盐滩性质，吸收太阳辐射增温快，热力抬升产生辐合上升运动，使柴达木盆地发展成一个强势的热低压。柴达木盆地地势从西北向东南降低，使气流由势能转化为动能，加快了风速，有利于大风的形成。

南部山区海拔在5000 m以上，东昆仑山主峰——玉珠峰海拔为6178.6 m，布喀达板峰海拔为6377 m，由于气候寒冷，形成常年不化的冻土，据研究，冻土的北段在昆仑山北坡西大滩，距格尔木145 km，海拔为4350 m。冻土的厚度薄处为1～88 m，一般为100～120 m，昆仑山口达175 m。冻土表层的温度一般为-2～5 ℃。

山区的气候与平原明显不同：气温低，四季如冬，据沱沱河（海拔4533 m）气象站资料，年平均温度为-4.2 ℃，1月平均温度为-24.8 ℃（极端为-45.2 ℃），7月平均温度为7.5 ℃。即使夏季，夜间也常出现结冰现象。1978年7月27日，江源考察队在海拔5400 m处，夜间测得气温为-5～7 ℃。风多，风大，年平均风速为3.9 m/s，最大风速为40 m/s，6级以上大风有74.5天。每年1—5月多沙尘暴，年平均沙尘暴日数为15.5天。空气稀薄，气压低，气压在570～580 hPa之间，为海平面气压的58%。

4　结论

综上所述，世界各地的扬尘区虽然地理位置各不相同，但都具有相似的气候特点和土壤特性。它们在气候上的共同特点是：干旱，年降水量<400 mm，大陆性强；温度变幅大；多风，风大，风速超过4.5 m/s。说明这种气候条件与浮尘的形成有着密切的关系。它们在土壤上的共同特点是：干燥，疏松，缺乏结构，

地表缺乏植被。这些地区往往都是严重风蚀的地区。

分析所有的扬沙和浮尘的形成过程，实际上是风将地表的颗粒吹起，在空中悬浮的过程。所以，风是扬沙形成的首要条件。凡是和风相关的因素，都有利于扬沙和浮尘的形成。从世界各地扬尘区的气候特征分析可以得出初步结论：凡是季风变换频繁区，冷、热气团交汇区（锋面），都容易形成强对流天气，如美国的中西部，我国的内蒙古地区。由季风变换、冷热气团交汇所形成的风，范围广，风力强劲，常常引起大范围的沙尘暴；再加上西风环流，可以将浮尘传输到很远的地方。上述地区，仅仅有强劲的风还不能形成扬沙、浮尘和沙尘暴天气，还必须要有深居内陆的大陆性环境，才能形成干旱的气候，干燥、疏松的土壤。

另一种情况是特殊的地形条件，也可以形成地形风。根据研究，只有当“高山与盆地（平原）相邻”，形成组合地貌时，才能形成地形风。高山可以阻隔海洋湿汽的进入，形成高低对比明显的地形结构，有利于局地环流的形成。当然，除了风以外，还需要干旱的气候，干燥、疏松的土壤。一般而言，封闭的地形或远离海洋的内陆，容易形成干燥的气候和干燥、疏松的土壤。真锅淑郎等人的数值模拟试验证明，当高原（高山）海拔超过3000 m时，对湿润的夏季风有屏障作用。因此，只有当“高山-草原-荒漠”形成组合时（见图3-1），才能形成扬沙和浮尘天气。这种浮尘形成的模式（或扬尘模式），我们称之为气候-土壤-环境模式（CSI）。凡是符合这种模式的地区，都容易发生扬沙和浮尘。不过，这种模式（CSI）所形成的扬沙、浮尘影响范围较小，是局部的、区域性的。当然在西风环流带，也可以传输到很远的地方。

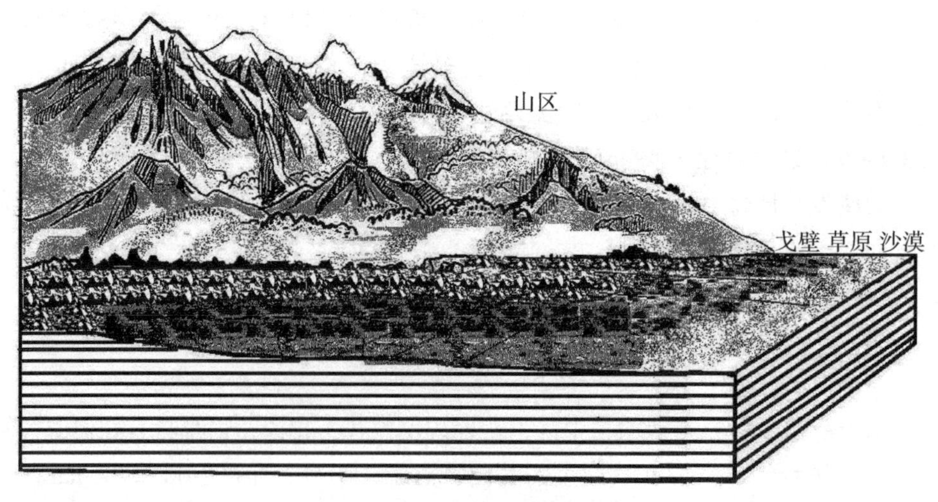

图3-1　浮尘形成的地理环境

Fig. 3-1　Geographic environment for suspended dust formation

根据我们对世界范围各地的气候和地理环境分析，发现世界上有13个地区，符合上述两种情况，属于浮尘敏感区，它们分布在智利北部、阿根廷、美国中西部（2个）、北非及萨赫勒、澳大利亚中部、阿拉伯半岛、中亚、中国中西部（5个）。

注释

［1］Wright W. The New York Times Almanac［M］. New York: Penguin Books, 2006.

［2］李江风. 新疆气候［M］. 北京：气象出版社，1991：180-189.

［3］钱庆坤. 浅论沙尘暴、扬沙、浮尘的观测方法［J］. 山东气象，1998，18（4）：58.

［4］甘肃省土壤普查办公室. 甘肃土壤［M］. 北京：农业出版社，1993.

［5］中国科学院内蒙古宁夏综合考察队. 内蒙古自治区及其东西部比邻地区天然草场（综合考察专辑）［M］. 北京：科学出版社，1980.

［6］中国科学院内蒙宁夏综合考察队. 内蒙古自治区及其东西部比邻地区气候与农牧业的关系（综合考察专辑）［M］. 北京：科学出版社，1976.

［7］高涛. 内蒙古沙尘暴的调查事实、气候预测因子分析和春季沙尘暴预测研究（上）［J］. 内蒙古气象，2008（2）：3-10.

［8］温泉波，邓金宪，刘玉英，等. 内蒙古大青山北麓黄土堆积的年代、粒度特征及古气候意义［J］. 世界地质，2003，22（4）：385-391.

［9］杜方红，黄文浩. 阿拉善地区生态环境问题及探讨［J］. 内蒙古环境保护，2005，17（3）：5-9.

［10］朱宗元，梁存柱，王炜，等. 阿拉善荒漠区的景观生态分区［J］. 干旱区资源与环境，2000，l4（4）：37-48.

［11］娜仁图雅，张东明. 阿拉善荒漠化生态治理对策研究［J］. 畜禽养殖业，2009（2）：50-53.

［12］刘春莲，刘菊莲. 阿拉善植被退化成因及保护措施浅析［J］. 内蒙古气象，2010，（2）：21-25.

［13］成格尔. 影响阿拉善地区沙尘暴特征的气象因素分析［J］. 内蒙古农业大学学报，2007，28（2）：73-78

［14］王长根. 阿拉善盟强沙尘暴的成因及治理对策［J］. 内蒙古气象，1995，（6）：17-20.

［15］李景斌，谢俊仁，张宝林，等．阿拉善植被对我国北方生态安全的影响［J］．内蒙古草业，2007，19（2）：59–61，64.

［16］刘咏梅，赵忠福，梁贞．阿拉善盟地区沙尘暴变化及危害［J］．内蒙古水利，2009，123（5）：90–91.

［17］姚正毅，王涛，周俐，等．近40年阿拉善高原大风天气时空分布特征［J］．干旱区地理，2006，29（2）：207–212.

［18］孙志强，孙志刚．阿拉善荒漠区气象灾害分析与防御［J］．内蒙古气象，2010（5）：17–20.

［19］王永贵，李义民，陈宗颜，等．柴达木盆地第四纪沉积环境演化［J］．水文地质工程地质，2009（1）：128–132.

［20］任海燕．柴达木盆地生态环境因素遥感分析［J］．青海国土经略，2007（5）：32–35.

［21］苏军红．柴达木盆地荒漠化及生态保护与建设［J］．青海师范大学学报（自然科学版），2003（2）：74–76.

［22］苟日多杰．柴达木盆地沙尘暴气候特征及其预报［J］．气象科技，2003，31（2）：84–87.

［23］强明瑞，肖舜，张家武，等．柴达木盆地北部风速对尘暴事件降尘的影响［J］．中国沙漠，2007，27（2）：290–295.

［24］赵串串，胡慧，董旭，等．柴达木盆地土地荒漠化生态安全评价［J］．林业调查规划，2009，34（4）：22–26.

［25］黄青兰，王发科，李兵，等．柴达木盆地南缘春季沙尘暴天气分析及预报［J］．青海气象，2003（4）：8–11，29.

［26］陈泮勤．几种稳定度分类法的比较研究［J］．环境科学学报，1983，3（4）：357–364.

［27］刘强，何清，杨兴华，等．塔克拉玛干沙漠腹地冬季大气稳定度垂直分布特征分析［J］．干旱气象，2009，27（4）：308–313.

［28］成秀萍．柴达木盆地北部春季大风沙尘天气预报方法浅析［J］．青海气象，2005（2）：26–28，40.

［29］苟日多杰．柴达木盆地“2000·4·12”沙尘暴天气分析［J］．青海气象，2001（3）：5–6.

［30］青海省地方志编纂委员会．青海省志——长江黄河澜沧江源志［M］．郑州：黄河水利出版社，2000.

第四章　塔里木盆地的浮尘及其形成机制

1　塔里木盆地的地貌特征

塔里木盆地四周为高山环绕。北部为天山，平均海拔为5000 m，最高峰是托木尔峰，海拔为7435.3 m；其次是汗腾格里峰，海拔为6995 m。西为帕米尔高原，西南为喀喇昆仑山，南部为昆仑山，平均海拔为5500～6000 m，最高峰为公格尔峰，海拔为7649 m。东南部为阿尔金山。盆地面积为53万km^2，内部海拔为800～1300 m，由西南向东北缓缓降低，罗布泊附近海拔仅为780 m。在盆地周围由于山地河流在山前大量堆积形成一系列洪积、冲积扇。洪积、冲积扇的上部为砾石戈壁，中下部为细土平原，经耕种形成绿洲。天山东部有吐鲁番盆地和哈密盆地。吐鲁番盆地是封闭的山间盆地，其中部隆起的火焰山和盐山是改变盆地内水热和盐分分布的自然分界线，火焰山以北是砾石戈壁，以南为冲积、洪积平原和艾丁湖平原。火焰山主要由中、新生代的红色岩系组成，盐山是第三纪的含盐地层。哈密盆地向西南倾斜，其北部海拔为1700～1800 m，南部降至150～200 m，为南湖和戈壁，地势较平坦，为一系列岗状阶地被剥蚀后留下的残丘。塔里木盆地干旱区的地貌主要是山前倾斜平原、剥蚀平原及干三角洲或构造平原和冲积平原。由于深居大陆内部，周围有高山阻隔，湿润空气难以进入，降水量不足100 mm，极为干旱。盆地中心形成塔克拉玛干沙漠，面积为33.76万km^2，东部以10 km的开口，与河西走廊相接。

2　塔里木盆地地表沉积物的分布规律

塔里木盆地地表沉积物的分布特点是：越靠近山脉，砾石越多，颗粒越大，时间越长；由山区向盆地内部，颗粒逐渐变细，时间变短（见图4-1）。这种分布特点是由于盆地四周高山多次隆起，洪积扇不断向盆地中心推移，新老洪积扇套叠造成的。Q_1和Q_2时期的母质，由于抬升和侵蚀，多位于高阶地，呈不连续分布。因为当时气候暖湿，流水作用突出，故以粗大的冲积砾石为主，如Q_1时期的西域组和Q_2时期的乌苏群。Q_3时期风的作用显著，黄土普遍沉积；同时，流水和湖积作用继续。Q_3母质一般出现在吐哈盆地和塔里木盆地周边洪积扇的中下部和低阶地，呈连续分布，是现代绿洲的主要成土母质之一。全新世以来，随着干旱的加剧，流水作用退缩至盆地四周较小的范围，风的作用占据主导地位。风不仅直接堆积了广泛的沙漠，而且对其母质进行深刻的改造。

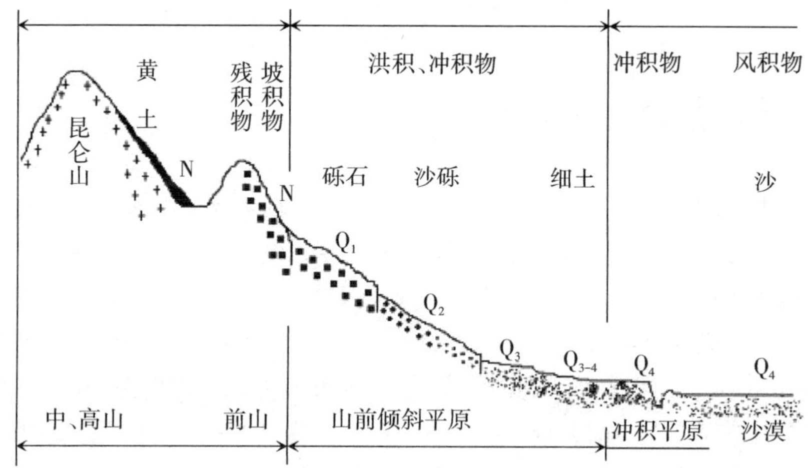

图4-1　塔里木盆地母质分布与地形的关系

Fig.4-1　Relationship between relief and parent materials in Tarim Basin

3　塔里木盆地的气候特征

塔里木盆地气候主要受地形、下垫面和地理位置的影响，大陆性强，大部分地区的温度大陆度大于64（见表4-1），气候干旱，降水稀少，多数地区的年降水量小于83 mm，平原地区多低于50 mm，托克逊仅6.9 mm，年降水日数不足10天，且降水集中，多以暴雨的形式降落。年蒸发量大于1800 mm，平原地区大于2000 mm，东疆超过2800 mm，最高可达5098.8 mm。降水由山区向盆地中心，由西向东减少，同时蒸发量增加，结果使盆地东部降水量最少，蒸发量最高。由于受库鲁克塔格分割的影响，东部出现两个少雨中心：若羌多年平均降水量为17.4 mm，吐鲁番为16.4 mm。如果以蒸降比表示某一地区的干旱程度，从表4-1可以看出，天山以南所有地区的蒸降比都大于37，平原地区的蒸降比大于山区，东疆大于南疆，塔里木盆地南缘大于北缘，最高为吐鲁番，蒸降比达173.04，其次为若羌，蒸降比达166.76，分别为吐哈盆地和塔里木盆地的干旱中心；但由于吐鲁番的蒸降比主要受特殊地形的影响，不具有代表性，因此，若羌、且末地区是塔里木盆地的干旱中心，也是新疆的干旱中心，同时也是欧亚大陆的干旱中心。天山以南年日照时数比较多，大于2600小时（长沙约1807小时），最高可达3360.3小时（哈密），日照百分率在59%～76%之间；从地区分布来看，塔里木盆地南部日照百分率较低。

表 4–1　天山南侧干旱区的气候特征

Table 4–1　Climatic characteristics in the southern region of Tanshan Mountains

地区	纬度	经度	日照百分率/%	日照时数/h	降水量/mm	蒸发量/mm	蒸发/降水	大陆度
和田	37°08′	79°56′	59	2610.6	33.4	2602.0	77.90	67.13
于田	36°52′	81°40′	62	2759.6	44.1	2489.6	56.45	66.87
民丰	37°04′	82°43′	64	2849.3	30.2	2756.1	91.26	68.69
且末	38°09′	85°33′	66	2908.0	18.6	2506.9	134.78	71.75
若羌	39°02′	88°10′	69	3102.6	17.4	2902.2	166.79	76.47
乌什	41°13′	79°14′	65	2871.3	82.5	1981.9	24.02	60.34
阿克苏	41°10′	80°14′	65	2873.3	62.0	1890.1	30.49	64.08
新和	41°33′	82°37′	65	2880.1	53.8	2027.6	37.69	64.98
库车	41°43′	82°57′	66	2912.4	64.8	2842.5	43.87	67.54
轮台	41°47′	84°15′	63	2777.0	47.4	2082.0	43.92	65.11
吐鲁番	42°56′	89°12′	68	3049.5	16.4	2837.8	173.04	84.95
七角井	43°29′	91°38′	74	3309.6	37.2	4083.5	109.77	72.26
哈密	42°49′	93°31′	76	3360.3	34.6	3064.3	88.56	78.1

塔里木盆地温度变化大，平均日较差大于11.7 ℃，最高可达16.7 ℃（民丰）；平均年较差超过30.8 ℃，最高达42.2 ℃（见表4–2）。塔里木盆地风的作用显著，年平均风速为1.5～5.0 m/s，风区可达4.5～5.5 m/s，最大风速超过50 m/s，一次最长持续60 h，能吹走山前平原上直径20～40 mm的砾石，形成砾石层。由表4–2还可以看出，若羌和吐鲁番的大风日数分别达到26.9天和26.8天，七角井达到79.6天；哈密的七角井镇位于哈密市的西部，与鄯善县接壤，处于风口区，所以大风天气较多。干燥松散的沙漠、戈壁，在风的作用下常常形成浮尘、扬沙、沙尘暴天气；由表4–2可以看出，塔里木盆地南侧，浮尘和沙尘暴天气较多，浮尘

日数超过115.3天，最高为和田，平均年浮尘日数达到216.1天；沙尘暴日数超过17.8天（于田），最高为民丰，达到35.4天；塔里木盆地北部，浮尘和沙尘暴日数较少，浮尘和沙尘暴日数分别都在88.1天和14.3天以下，浮尘和沙尘暴日数最高为库车，分别为88.1天和14.3天，最低为轮台，分别为30.2天和1.4天；吐哈盆地的浮尘和沙尘暴日数变化较大，如吐鲁番年平均浮尘日数达到90天，哈密只有4.1天，但沙尘暴日数哈密达到13.4天，超过吐鲁番（6.3天）。这与当地的特殊地理环境有关。处于风区位置的七角井，浮尘和沙尘暴日数并不多。浮尘和沙尘暴气候对当地作物生产有重要影响。由表4–2还可以看出，民丰、库车等地的浮尘日数较多，相应的沙尘暴日数也较多。

表 4–2 天山南侧干旱区的气候特征

Table 4–2 The climate in southern region of Tianshan Mountains

地区	海拔/m	年均温/℃	7月均温/℃	1月均温/℃	日较差/℃	年较差/℃	大风日数/天	浮尘日数/天	沙尘暴日数/天
和田	1374.6	12.2	25.5	−5.6	12.6	31.1	7.3	216.1	32.9
于田	1427	11.6	25.0	−5.8	14.7	30.8	1.8	175.4	17.8
民丰	1409.1	11.1	24.8	−6.8	16.7	31.6	4.9	192.5	35.4
且末	1247.5	10.1	24.8	−8.7	16.0	33.5	15.8	193.7	24.5
若羌	888.3	11.5	27.4	−8.5	16.0	35.9	26.9	115.3	19.2
乌什	1395.6	9.1	21.3	−9.2	12.3	31.3	12.6	43.9	3.9
阿克苏	1103.8	9.8	22.4	−9.1	14.0	32.7	14.3	60	11.6
新和	1012.1	10.5	24.6	−8.7	13.7	33.3	16.6	77.7	12.1
库车	1099.9	11.4	25.9	−8.4	11.7	34.3	20.4	88.1	14.3
轮台	976.1	10.5	24.8	−8.7	14.8	33.5	14.0	30.2	1.4
吐鲁番	34.5	13.9	32.7	−9.5	14.3	42.2	26.8	90	6.3
七角井	873.2	9.1	26.3	−11.2	14.6	37.5	79.6	—	1.0
哈密	737.9	9.8	27.2	−12.2	14.9	39.4	22.2	4.1	13.4

3.1 浮尘与气候之间的关系

塔里木盆地浮尘的发生与大气环流、西伯利亚冷高压和印度低压位置变化引起的气压场变化有关，这里我们主要探讨浮尘天气与其他气象要素之间的关系。

一个地区的浮尘日数与沙尘暴日数是否有关联？为了更清楚地显示两者之间的关系，我们用年平均浮尘日数与年平均沙尘暴日数作图，得到图4–2。由图4–2可以看出，天山以南不同地区，浮尘日数的变化趋势与沙尘暴的变化趋势基本一致。我们进一步通过回归分析，可以求出浮尘日数与沙尘暴日数之间的关系曲线，为一方程式$y=16.2x+5.67$的直线，相关系数为0.848，说明两者之间显著相关。上述分析可以初步说明，在天山以南地区，凡是沙尘暴发生较多的地区，浮尘发生的次数和持续时间相对较长，因为一般情况下，沙尘暴发生后，总会伴随浮尘天气。

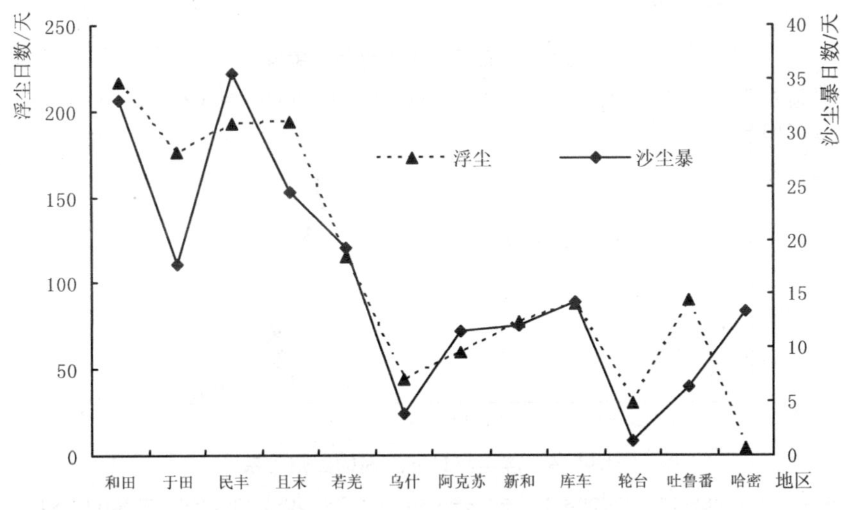

图4–2　浮尘与沙尘暴之间的关系

Fig.4–2　Relationship between suspended dust and dust storm

日照时间与日照百分率之间有密切的关系。如果用回归方程表示，日照时间和日照百分率之间的关系式为：$y=-90.0x+45.7$，式中相关系数R为0.996，达到了高度相关的程度。在干旱地区，阴天较少，日照百分率在很大程度上受浮尘天气的影响，我们可以通过对不同地区日照百分率与浮尘日数作图简明地反映出它们之间的相互关系。如图4–3，浮尘和日照百分率之间的关系在不同地区，表现有差异。在塔里木盆地北部及吐哈盆地，日照百分率与浮尘日数的变化趋势相反，当一个地区浮尘天气多时，日照百分率下降，说明这些地区日照百分率受浮尘的影响；而塔里木盆地南部地区，两者关系不明显。如果对日照百分率和浮尘日数进行回归分析，两者之间可以用指数函数或指数曲线表示（见图4–4），相关系数$R=-0.7187$，说明有一定的负相关性。

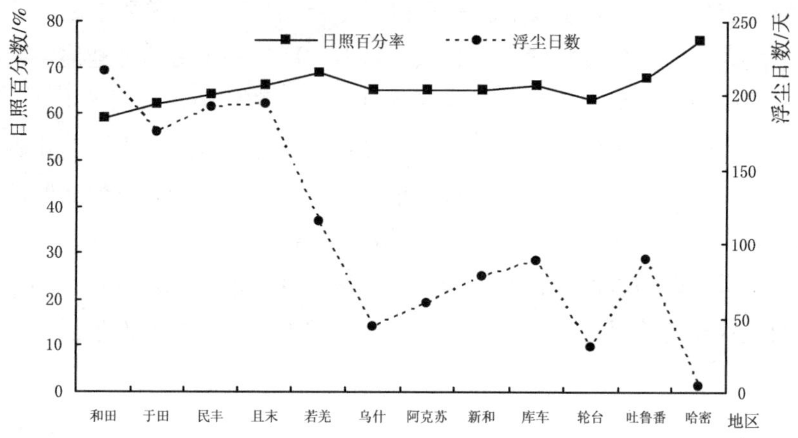

图4-3 日照与浮尘之间的关系

Fig.4-3 Relationship between suspended dust and percentage of sunshine

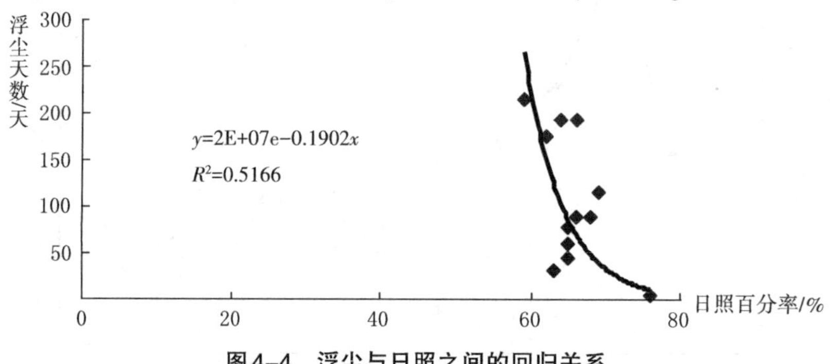

图4-4 浮尘与日照之间的回归关系

Fig. 4-4 Regression relationship between suspended dust and percentage of sunshine

一般而言，气候干旱，容易发生浮尘。表示干旱的指标可以是大陆度或蒸降比。分析大陆度或蒸降比与浮尘日数的关系，看不出明显的规律，说明浮尘不只是与干旱程度有关。

3.2 浮尘与地面状况之间的关系

浮尘的发生与许多地面因素有关，但影响最大的是植被、质地、地表结构、土壤含水量等。地表植被稀少，裸露，容易形成浮尘；质地细，易被风吹起，容易发生浮尘；地表无结构，疏松，容易起尘；土壤干燥，也容易形成浮尘。

干燥的砂土，尽管颗粒较大，但春、夏地面升温快，形成地面与空中的温度差。根据刘强等[1]通过理查逊数法计算的R值，中午14时为一天中最不稳定的大气层结，主要是由于该时段近地面层大气受太阳辐射的影响，温度增加，产生了不同的温度梯度，使得空气的运动加剧，风速增大，大气湍流混合发展，湍流作用增强，导致近地层大气处于不稳定状态。

4　供试区的气候特征

为了研究浮尘的发生规律，我们在塔里木盆地选了和田、尉犁、铁干里克三个点进行定位试验。和田市在塔里木盆地的西南部，位于东经79.93°、北纬37.13°，海拔为1375.0 m。尉犁县在塔里木盆地的东南部，其地理坐标是东经86°16′、北纬41°21′，海拔为884.9 m。铁干里克镇在塔里木盆地的东部，地理坐标为东经87.7°、北纬40.63°，海拔为846.0 m。

首先我们探讨一下供试区的水热特点。供试区降水稀少。和田、尉犁和铁干里克的年降水量分别为33.4 mm、40.8 mm和33.6 mm（见表4-3），降水主要集中在5、6、7、8四个月，其中和田和尉犁最多雨水在6月，分别为7.0 mm和10.1 mm，铁干里克最高在7月，为10.6 mm，雨水多以暴雨的形式降落。由于雨水少，淋湿不深，雨水落地后溶解土壤中的盐分，迅速干燥，胶结土壤矿物颗粒，形成结皮，对防止地面侵蚀有一定的作用。

表4-3　和田、尉犁、铁干里克各月平均降水量、蒸发量状况（mm）

Table 4-3　The Mean capacity of precipitation and evaporation every month in Hotan，Yuli and Tieganlike（mm）

地区		1	2	3	4	5	6	7	8	9	10	11	12	全年
和田	降水量	1.5	2.8	0.8	2.8	6.8	7.0	3.8	3.4	2.9	0.6	0.4	0.7	33.4
	蒸发量	39.8	68.6	193.1	296.8	353.5	393.2	382.9	320.2	343.0	176.8	89.9	44.3	2602.0
	蒸/降	26.53	24.5	241.28	106	51.99	26.17	100.76	323.6	118.28	294.67	90.3	63.29	77.9
尉犁	降水量	0.8	0.3	1.2	1.1	6.0	10.1	9.1	7.5	2.0	1.3	0.9	0.4	40.8
	蒸发量	29.9	63.3	183.3	318.9	433.3	462.1	450.2	416.6	288.2	170.6	65.5	28.7	2910.5
	蒸/降	30.7	211	152.75	289.91	72.22	45.75	49.47	55.55	144.1	131.23	72.78	71.75	71.34
铁干里克	降水量	0.3	0.0	0.8	2.5	2.9	6.3	10.6	6.4	1.8	0.8	0.8	0.2	33.6
	蒸发量	29.7	63.5	184.9	311.8	421.8	408.7	390.4	357.4	256.2	156.1	62.0	28.7	2671.4
	蒸/降	99	∞	231.13	107.52	145.45	64.87	36.83	55.84	142.33	195.13	77.5	143.5	79.51

供试区蒸发量较大，和田和铁干里克分别为2602 mm和2671 mm，尉犁达到2910 mm。从季节性来看，5—8月蒸发量较大，最大蒸发量发生在6月，这时气

温并不是最高，但风速较大。蒸发量与降水量的比值，简称“蒸降比”，是衡量一个地区干旱程度的指标。蒸降比大于1，说明该地水分亏缺。蒸降比越大，说明越干旱，地下水的上升趋势越强。地下水上升时，携带大量可溶性盐分，水分蒸发，盐分留在地表。因此，蒸降比大的地方，一方面说明土壤干燥，容易起尘，另一方面说明土壤盐分表聚性强，对浮尘的成分有影响。

供试区的温度特点见表4–4。由表4–4可以看出，和田年平均气温为12.18 ℃，高于尉犁（10.6 ℃）和铁干里克（10.7 ℃），最冷月（1月）的平均温度是–5.6 ℃，具有典型的暖温带特征。尉犁和铁干里克最冷月平均气温为–10 ℃左右，接近中温带。三个地点的春季气温都明显高于秋季，如，和田4月平均气温是16.5 ℃，比10月份的温度（12.4 ℃）高4.1 ℃。同样，尉犁和铁干里克4月份的平均气温分别是14.6 ℃和14.5 ℃，比10月份的平均气温分别高4.2 ℃和4.1 ℃。春季是浮尘的高发季节，春季升温快是供试区气温的另一个特点；如和田3月为9 ℃，4、5、6三个月分别为16.5 ℃、20.4 ℃和23.9 ℃，分别增加5.5 ℃、3.9 ℃和3.5 ℃。同样，尉犁和铁干里克3月的平均气温分别为6.4 ℃和6.1 ℃，4、5、6三个月分别是14.6 ℃和14.5 ℃、21 ℃和20.7 ℃、25 ℃和24.9 ℃，分别增加8.2 ℃和8.4 ℃、6.4 ℃和6.2 ℃、4 ℃和4.2 ℃。上述数据还反映出从4月到6月，增温幅度逐渐减小，尉犁和铁干里克增温幅度比和田大，而尉犁和铁干里克相差不大。

表4–4　和田、尉犁、铁干里克各月平均温度状况（℃）

Table 4–4　The mean temperature every month in Hotan，Yuli and Tieganlike（℃）

地区		1	2	3	4	5	6	7	8	9	10	11	12	全年
和田	平均气温	–5.6	–0.3	9.0	16.5	20.4	23.9	25.5	24.1	19.7	12.4	3.8	–3.2	12.18
	平均最高气温	0.1	5.4	15.5	23.4	27.1	30.9	32.6	32.1	27.0	20.2	10.6	2.7	18.9
	平均最低气温	–10.3	–5.1	3.0	10.1	14.0	17.4	19.1	18.0	13.3	5.9	–1.6	–7.8	6.3
尉犁	平均气温	–10.0	–3.7	6.4	14.6	21.0	25.0	26.2	25.3	19.3	10.4	0.4	–7.8	10.6
	平均最高气温	–1.2	5.2	14.8	22.9	29.1	32.7	34.1	33.5	28.1	20.4	9.7	0.9	19.2
	平均最低气温	–17.6	–12.1	–2.1	5.9	12.0	16.3	17.7	16.7	10.6	1.6	–6.9	–14.9	2.3
铁干里克	平均气温	–9.4	–3.5	6.1	14.5	20.7	24.9	26.3	25.1	19.2	10.4	0.7	–7.2	10.7
	平均最高气温	–0.6	5.7	15.1	23.2	29.0	32.9	34.3	33.6	28.6	20.7	9.7	1.3	19.4
	平均最低气温	–16.6	–11.6	–2.3	6.1	12.1	16.3	18.4	17.0	10.9	2.2	–6.1	–13.7	2.7

供试区温差大，尉犁年较差达到36.2 ℃，和田为31.1 ℃。三个供试点各月的平均日较差均是春季4—5月和秋季9—10月较大，其他月份较小（见表4-5）。温差大，是大陆性气候的特征之一，温差大小与区域性浮尘的形成有无联系，还需要深入研究。

表4-5 和田、尉犁、铁干里克历年各月气温平均日较差（℃）

Table 4-5 The mean daily change of temperature every month in Hotan, Yuli and Tieganlike（℃）

地区	月份												平均	年较差
	1	2	3	4	5	6	7	8	9	10	11	12		
和田	10.4	10.5	12.5	13.3	13.1	13.5	13.5	13.1	13.7	14.3	12.2	10.5	12.6	31.1
尉犁	16.4	17.3	16.9	17.0	17.1	16.4	16.4	16.8	17.5	18.8	16.6	15.8	16.9	36.2
铁干里克	16.0	17.3	17.4	17.1	16.9	16.6	15.9	16.6	17.7	18.5	15.8	15.0	16.7	35.7

气温的变化在很大程度上是由地温引起的。干旱地区，由于大气中的水分少，辐射强烈。白天中午，太阳中的长波辐射被土壤吸收后，温度迅速升高。同时，由于塔里木盆地土壤中水分含量少（一般吸湿水含量0.4%～1%），土壤热容量小，升温快，温度高。当土壤温度升高后，热量传导至上部空气，使空气升温。越靠近土壤，温度越高，这样，就形成了由土壤向高空的温度梯度。空气在温度梯度的作用下，产生对流，温度梯度越大，对流越强。当对流达到临界速度时，就可扬起地面的尘土，形成浮尘。表4-6是供试区的地面温度。由表4-6可以看出，和田、尉犁、铁干里克全年最高月平均地温分别是57.2 ℃、61.3 ℃和55.2 ℃。一般而言，同日内，中午2时前后地面温度最高，黎明前温度最低。月平均最高温度实际是同月每日中午2时最高温度的平均状况，同样，月最低温度也是同月每日黎明前时分最低温度的平均状况，因此，每月最高、最低温度差值，可以代表本月日最高、最低温度差别的平均状况。理解这一点是十分重要的。由表4-6可以看出，供试区同月最高和最低地温之间的温度差较大，和田、尉犁和铁干里克分别达到74.2 ℃、76.6 ℃和71.9 ℃。由表4-6还可以看出，三个供试点春季的最高、最低地温差大于其他季节，这也许和浮尘形成有关。

同一地点的温度差并不能解释浮尘形成的原因。浮尘是由风引起的。水平两点之间的温差，可造成气流水平运动。气流的水平运动形成风。在同一时间，不同的土地类型、不同的植被盖度、不同的土壤含水量都可造成温度的水平差异。根据樊自立的研究，同一时间，不同的地表类型对平均气温、地温都有影响（见表4-7）：5—9月，沙地的气温和地温都是最高，因此，沙地是热源和水平低压

表4–6　和田、尉犁、铁干里克各月平均地面温度状况（℃）

Table 4–6　The mean ground temperature every month in Hotan，Yuli and Tieganlike（℃）

地区		1	2	3	4	5	6	7	8	9	10	11	12	全年
和田	平均地面温度	−6.6	0.3	11.0	20.1	25.8	30.7	32.3	30.1	23.7	13.5	2.5	−5.1	14.9
	平均最高地面温度	12.3	19.5	33.4	44.2	50.4	56.5	57.2	54.6	48.4	37.9	24.2	13.7	37.7
	平均最低地面温度	−16.7	−10.6	−1.6	6.4	11.2	15.0	17.0	15.6	9.6	0.3	−8.9	−15.0	1.9
	最高最低温度差	29	30.1	35	50.6	61.6	71.5	74.2	70.2	58	38.2	33.1	28.7	39.6
尉犁	平均地面温度	−11.2	−4.1	7.4	17.7	26.0	31.8	32.7	30.3	22.3	10.8	−1.1	−9.5	12.8
	平均最高地面温度	10.4	20.9	34.0	45.5	55.7	61.0	61.3	59.5	51.3	37.8	22.4	11.3	39.3
	平均最低地面温度	−21.9	−17.3	−7.2	1.8	8.1	13.2	15.3	13.8	7.3	−2.7	−12.6	−19.8	−1.9
	最高最低温度差	32.3	38.2	41.2	47.3	63.8	74.2	76.6	73.3	58.6	40.5	35	31.1	41.2
铁干里克	平均地面温度	−8.3	−3.4	6.0	15.8	23.6	29.7	31.6	29.7	22.5	12.0	−1.0	−6.4	12.8
	平均最高地面温度	10.2	19.2	29.5	39.0	47.6	54.0	55.2	53.7	46.5	34.5	19.6	10.2	34.9
	平均最低地面温度	−17.4	−14.6	−6.8	2.4	8.8	13.9	16.7	15.4	9.3	0.2	−8.4	−14.4	0.4
	最高最低温度差	27.6	33.8	36.3	41.4	56.4	67.9	71.9	69.1	55.8	34.7	28	24.6	35.3

区。与沙地比较，5月窄林带和沙拐枣林气温分别低0.6 ℃和0.3 ℃，7月分别低4.4 ℃和1.0 ℃；5月两者平均地温分别低0 ℃和3.3 ℃，7月分别低5.6 ℃和5.7 ℃；值得注意的是，5月午后2时的平均最高地温，窄林带和沙拐枣林分别低8 ℃和4 ℃。根据我们在梭梭林半固定沙漠午后的地表测定，在太阳直射条件下，温度可达76 ℃，遮阴条件下，地表温度迅速降至60 ℃左右。上述事实说明，地表状态影响地面温度。表4–7反映的是水平近距离不同地表类型的地面温度。事实上，随着海拔高度的降低，温度下降，每升高100 m，温度下降0.6 ℃，似此，高度相差2000 m的两地温度差就可超过12 ℃。

表 4-7　新疆不同地表类型对地面温度的影响[2]

Table 4-7　Effect of different lands on ground temperature in Xinjiang

地表类型	月份	气温/℃	地温/℃	地面最高温/℃	地面最低温/℃	温差/℃	地面以下温度/℃	
							5 cm	15 cm
沙地	5	19.6	23.6	53	10	43	21.3	21
	7	26.0	31.5	43	8.6	34.4	29.4	29.5
	9	22.4	25.0	46	11	35	25.9	25
窄林带	5	19	23.6	45	6	39	21.3	20
	7	21.6	25.9	42	7	35	23.3	23.8
	9	18.4	22.0	48	5	43	21.3	20
沙拐枣林	5	19.3	20.3	49	10	39	19.3	18
	7	25.0	25.8	47	9.3	37.7	26.0	24.8
	9	18.5	23.5	46	5	41	24.8	24.7

由于土壤和大气之间的温度差是空气垂直对流的主要原因，因此，有必要分析一下供试区土壤表层和大气（距地面1.25 m）之间温度差异状况。图4-5是和田常年各月平均气温（距地面1.25 m）和平均地面温度之间的关系。由图4-5可以看出，从2月至11月地面平均温度都高于气温，7月两者之间的温差最大(6.8 ℃)，4—6月的温差分别为3.6 ℃、5.4 ℃、6.8 ℃，8—10月温差分别为6 ℃、4 ℃、1.1 ℃，其他月份，平均地温低于平均气温。值得注意的是，春季的地-气温差高于秋季。

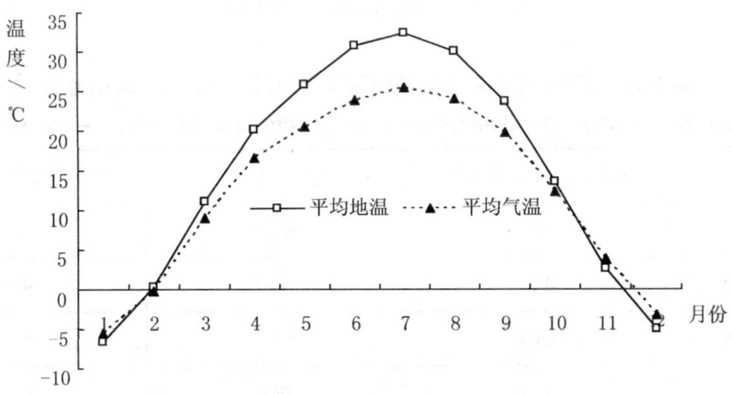

图 4-5　和田平均地温与气温之间的关系

Fig.4-5　Relationship between mean ground temperature and mean air temperature in Hotan

图4-6是和田市多年各月平均最高地温与平均最高气温之间的关系，实际反映出中午2时左右土壤表面温度与距地面1.25 m（百叶箱）气温的平均情况。图4-6表明，全年各月在中午时分，土壤表面的温度总是高于近地面空气温度，两者之间的温差在11～25.6 ℃之间，远远高于两者之间同期的平均温差。7月份平均地温和气温都达到最高，分别为57.2 ℃和32.6 ℃，温差为24.6 ℃，但温差不是全年最高。6月份平均温差最大（25.6 ℃），3—5月温差分别为17.9 ℃、20.8 ℃和23.3 ℃。因为上述数据是各月的平均最高地温和气温，因此，还有各月的最高地温和气温。根据我们的调查，和田6—7月份，中午最高地温可达80 ℃，而同时对应的气温可达40～42 ℃，两者之间的温度差为38～40 ℃。另据徐德源、桑修诚[3]研究，塔里木盆地和吐哈盆地近地面空气温度和地面温度的差值为30 ℃左右（见表4-8），这和我们的结果接近。

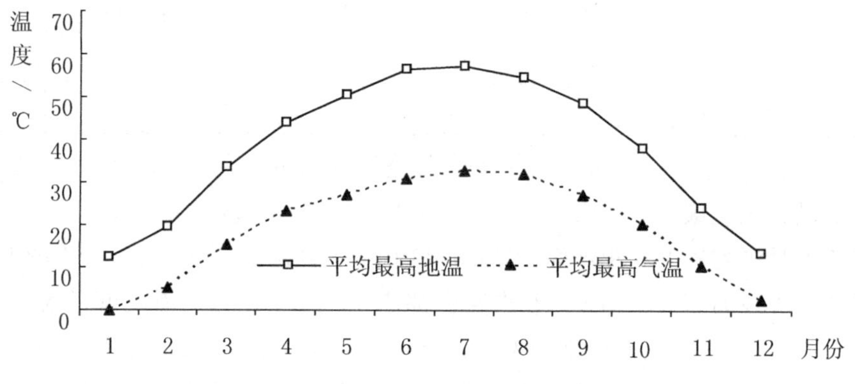

图4-6 和田最高地温与气温之间的关系

Fig.4-6 Relationship between highest ground temperature and highest air temperature in Hotan

表4-8 南疆和东疆部分地区地面与近地面空气之间温度的差值

Table 4-8 Air and ground temperature in eastern and southern area of Xinjiang

地区	近地面空气温度/℃	地面温度/℃	空气和地面温差/℃
和田	40.6	69.9	29.3
库尔勒	40.0	70.0	30.0
吐鲁番	47.6	82.3	34.7
哈密	43.9	73.6	29.7

气流急速地从地面向空中运动是扬沙的动力。根据气体运动理论，我们可以推导出气体运动速度与温度之间的关系式。人们常用压力（p）、体积（V）、温度

(T) 等参数描述气体的状态，因此，它们常被称为气体的状态参数。

对于一定质量的理想气体而言，从状态1（p_1、V_1、T_1）变化到状态2（p_2、V_2、T_2），遵循下列规律：

$$\frac{p_1V_1}{T_1}=\frac{p_2V_2}{T_2}=C\text{（常数）}$$

据此规律，可通过标准状态下的气体参数值求出该常数。在标准状态（p_0=1个大气压=1.013×10^5帕；T_0=273.15 K）下，1 mol的理想气体的体积V_0为$22.4\times10^{-3}m^3$。所以：

$$\frac{p_0V_0}{T_0}=R=\frac{1.013\times10^5\ N/m^2\times22.4\times10^{-3}m^3/mol}{273.15\ K}=8.31\ J/(mol\cdot K)$$

对于质量为m、摩尔质量为M的理想气体，则：

$$C=\frac{m}{M}R$$

$\frac{pV}{T}=\frac{m}{M}R$，则$pV=\frac{m}{M}RT$。

如果有N个气体分子撞击一个平面A，单位体积内的分子数为n，每个分子的质量为μ，这些气体分子撞击的总效果，使A面上产生了压力（p）：

$$p=\frac{1}{3}n\mu\overline{v^2}$$

对于理想气体，1 mol气体的分子数为6.022×10^{23}个，用N_0表示。那么，气体的质量为$m=N\mu$，理想气体的质量$M=N_0\mu$。

$$pV=\frac{m}{M}RT=\frac{N\mu}{N_0\mu}RT$$

$$p=\frac{N}{V}\times\frac{R}{N_0}T$$

由于$N/V=n$，$R/N_0=8.31/(6.022\times10^{23})=1.38\times10^{-23}$ J/K，用k表示，称为波尔兹曼常数，那么：

$$p=nkT$$

$$p=\frac{1}{3}n\mu\overline{v^2}=nkT$$

$$\overline{v^2}=\frac{3kT}{\mu}=\frac{3T}{\mu}k=\frac{3T}{\mu}\times\frac{R}{N_0}=\frac{3TR}{\mu N_0}=\frac{3TR}{M}$$

$$\overline{v^2}=\frac{3TR}{M}\quad(R=8.31\ J/(mol\cdot K)$$

式中，$\overline{v^2}$是气体分子的速度平方的平均值；R是常数，$R=8.31$ J/(mol·K)；

M是某气体的摩尔质量，在数值上就等于该气体的相对分子质量，干燥空气的平均相对分子质量为28.97；T是绝对温度，0 ℃时，绝对温度为273.15 K。将常数代入到上式中，可得到下式：

$$\overline{v^2}=\frac{3TR}{M}=\frac{3\times 8.31T}{28.97}=0.8605T$$

这就是气体速度与温度的定量关系。

该式说明，温度越高，气体分子的运动越快，向上的风也越大，风速达到多大，开始扬沙，其实质是，地面温度与近地面空气的温度差达到多大，开始产生扬沙，这是需要我们进一步深入研究的。

根据朱震达等[4]在塔里木盆地西缘莎车县的研究，综合新疆农业气候资源及其区划内部资料，形成表4-9。由表4-9可以看出，粒径不同，起沙时的风速、输沙量都不同。一般认为，新疆扬沙的平均风速是5.5 m/s[5]。

表4-9　起沙风速与粒径、输沙量之间的关系

Table 4-9　Relationship among wind speed，grain size and emitting dust capacity

沙粒粒径/ mm	0.10～0.25	0.25～0.50	0.5～1.0	＞1.0	—	—
起沙风速(距地2 m) /m/s	4.0～4.5	5.5～5.6	6.5～6.7	7.1～7.4	13.2	15.0
起沙风速(距地10 m) /m/s	5.5	7.7	9.2	9.8	—	—
距地10cm内的输沙量/$g\cdot cm^{-1}\cdot min^{-1}$	0.37	1.04	1.20	2.27	19.44	35.58

最后，我们分析一下供试区的日照百分率（见表4-10）。从表4-10可以看出，和田全年日照百分率最低，只有59%。从季节分布看，和田、尉犁和铁干里克的日照百分率均是3—7月较低，低于全年的平均水平；三个地点全年都是4月份最低，其中，和田只有50%。一般认为，日照百分率低主要是阴天造成的，但是分析表4-3的数据可以看出，和田年降水量只有33.4 mm，阴雨天气并不多。根据我们的调查，日照百分率低主要是浮尘造成的。和田浮尘时间长，因此，日照百分率低；春天，浮尘频繁，春天的日照百分率也因此较低；所以，日照百分率的大小，可以作为浮尘时间长短的间接指标。

表4-10　和田、尉犁、铁干里克历年各月日照百分率（%）

Table 4-10　Percentage of sunshine of every month in Hotan，Yuli and Tieganlike（%）

地区	海拔	月份												全年
		1	2	3	4	5	6	7	8	9	10	11	12	
和田	1374.6 m	57	61	52	50	53	59	56	56	64	77	74	64	59
尉犁	884.9 m	64	65	61	58	64	66	66	70	75	76	73	66	67
铁干里克	846.9 m	70	69	64	61	67	69	70	73	78	80	75	70	70

5　供试区浮尘、扬沙、沙尘暴特征

浮尘往往由大风、扬沙、沙尘暴引起。大风是指风力8级，风速为17.2～20.7 m/s的风[6]。沙尘暴则是指有强风（6级以上），空气浑浊，能见度小于1 km的天气现象。如果风将尘土吹起，水平能见度在1～10 km之间，叫扬沙。尘土、细沙均匀地飘浮在空中，能见度小于10 km的天气现象，称为浮尘[7-9]。

在供试区，2004—2005年的平均大风日数是6～15.5天（见表4-11），主要集中在春季；但是，不同的地区，大风的季节分布不同。其中，铁干里克最多，达15.5天，且主要集中在2—3月，说明铁干里克除了春季大风较多外，冬末大风也较频繁。塔里木盆地的强对流天气主要由北疆东进绕过天山的寒流东灌引起，铁干里克处在东灌西下气流的前沿，因此大风较多。和田全年大风只有6天，且主要分布在春季和秋末冬初，说明和田部分大风形成的机制与铁干里克有所不同。和田处在东灌西下气流的末端，风速减小，因此大风天气较少，但秋、冬时常受到西部翻越天山的冷气流的影响，也容易形成大风。尉犁大风的季节分布与铁干里克比较接近，说明形成机制基本相同。

表4-11　2004—2005年尉犁、铁干里克、和田大风平均值（天）

Table 4-11　Mean days of strong wind in Hotan，Yuli，Tieganlike from 2004 to 2005

月份	1	2	3	4	5	6	7	8	9	10	11	12	小计
尉犁	0	0	1.5	2	4	2	0	1	0.5	0	0	0	11
铁干里克	0.5	5	5	1	1.5	0	1	1	0.5	0	0	0	15.5
和田	0	0	0	0.5	0.5	2	0	0	0	0.5	0.5	2	6

按常理推断，大风多的地区，沙尘暴发生频率也应该高，但事实并非如此。表4-12表明，供试区2004—2005年的平均沙尘暴日数只有6～11.5天，略少于大风日数，主要分布在春季。其中，尉犁和铁干里克2004—2005年的平均沙尘暴次数分别只有6天和6.5天，远少于大风日数（11天和15.5天）。从发生的时间看，多数集中在春天，铁干里克的沙尘暴偶尔也会出现在冬季。根据气象知识，沙尘暴是由大于6级以上的风（风速>10.8 m/s）引起的。如果沙尘暴发生时，必然伴随大风，那么对于尉犁来说，大风引起的沙尘暴日数占大风日数的比例为54.55%。同样，铁干里克只占41.94%。由此说明，大风可以引发沙尘暴，但并不是所有的大风都必然引起沙尘暴，在八级以上的大风中，仅有部分大风能引起沙尘暴。究竟在什么条件下，大风能诱发沙尘暴，还需要进一步研究。从表4-12还可以看出，和田的年沙尘暴天数最多，达11.5天，主要发生在春季和秋末

冬初，与大风的发生时间具有相似的节律，说明大风与沙尘暴在发生时间上有一定关系。由表4-12我们还可以明显地看出三地的沙尘暴在各月的分布规律：在春天（3—6月），尉犁、铁干里克和和田的沙尘暴日数分别为4天、4天和5.5天，较接近；值得注意的是，10—12月尉犁和铁干里克没有发生沙尘暴，而和田却发生了5.5天沙尘暴，说明和田在冬季还有其他途径的强气流运动造成的沙尘暴。和田位于塔里木盆地的西南部，虽然西部的帕米尔高原和北部的天山阻挡了冷气流的深入，但是，时常有强烈的西进和南下气流翻越帕米尔高原或西天山侵入和田地区，因此，有些沙尘暴可能是西部直接翻越天山的寒流造成的。

表4-12　2004—2005年尉犁、铁干里克、和田沙尘暴平均值（天）

Table 4-12　Mean days of dust storm in Hotan，Yuli，Tieganlike from 2004 to 2005

月份	1	2	3	4	5	6	7	8	9	10	11	12	小计
尉犁	0	0	1.5	2	0	0.5	1.5	0.5	0	0	0	0	6
铁干里克	1.5	0	2	0.5	1	0.5	0	1	0	0	0	0	6.5
和田	0	0	0	1	1.5	3	0.5	0	0	1	1.5	3	11.5

为了更清楚地分析沙尘暴形成的原因，我们将供试区三地各月的大风和沙尘暴日数相加，得到表4-13。由于沙尘暴可由6级以上的风引起，因此，表4-13可以直接反映一个地区6级以上风的频率。由表4-13可以看出，铁干里克每年六级以上的风日数最多，为22天，其中，引起沙尘暴的风只有6.5天，占29.5%；尉犁和和田6级以上的风日数较接近，分别为17天和17.5天，但沙尘暴次数相差较大：分别为6天和11.5天，分别占大风和沙尘暴总数的35.3%和65.7%。值得注意的是，尉犁和铁干里克年沙尘暴次数基本相同，说明这两地沙尘暴的形成机制相同，都是由北疆翻越天山的冷气流东灌造成的。薛福民、刘新春、马燕、张琼等[10]研究了塔中1997—2007年的沙尘暴、扬沙和浮尘发生的特征，认为发生上述天气现象的风多为东北风，这与我们的研究结果基本一致，风速大于10.8 m/s是沙尘暴发生的必要条件。但是，是否发生沙尘暴，除了风速外，还和其他因素有关，如地表状态、地理位置等。

表4-13　2004—2005年尉犁、铁干里克、和田大风和沙尘暴的日数

Table 4-13　Days of strong wind and dust storm in Hotan，Yuli，Tieganlike from 2004 to 2005

月份	1	2	3	4	5	6	7	8	9	10	11	12	小计
尉犁	0	0	3	4	4	2.5	1.5	1.5	0.5	0	0	0	17
铁干里克	2	5	7	1.5	2.5	0.5	1	2	0.5	0	0	0	22
和田	0	0	0	1.5	2	5	0.5	0	0	1.5	2	5	17.5

表4-14是尉犁、铁干里克和和田2004至2005年各月扬沙日数的平均数。由表4-14可以看出，每年尉犁、铁干里克和和田的扬沙天数分别为16、7和18天，值得注意的是铁干里克的扬沙日数只有7天，少于其他两地的一半；而尉犁和和田的扬沙日数相差不大，但扬沙日数在各月的分布却不相同：尉犁的扬沙主要分布在春季，而和田的扬沙全年各月均有分布。

表4-14　2004—2005年尉犁、铁干里克、和田扬沙平均值（天）

Table 4-14　Mean days of dust emission in Hotan，Yuli，Tieganlike from 2004 to 2005

月份	1	2	3	4	5	6	7	8	9	10	11	12	小计
尉犁	0	0	2	1.5	3.5	5	0.5	2.5	1	0	0	0	16
铁干里克	0.5	0	0.5	1	1	1	1.5	0.5	1	0	0	0	7
和田	2	4	1	2	2	1	1.5	0.5	0.5	1	1.5	1	18

我们知道，扬沙的测定，主要依据能见度（1～10 km）和当地的风速（4级以上）。风速是扬沙的动力。根据以往的研究[4，5]，凡是风速超过5.5 m/s，就能将地面的土粒吹起，形成扬沙天气。按照这种观点，大风和沙尘暴接近尾声时，也应该出现扬沙天气。对照表4-13和表4-14可以看出：尉犁和和田的大风和沙尘暴日数的总和确实接近它们的扬沙日数，似乎显示出扬沙和大风、沙尘暴有发生上的联系。但是对于铁干里克，它的年平均大风日数为15.5天，而扬沙日数却只有7天，大风造成的扬沙天气仅占45.16%；如果将每年的扬沙和沙尘暴的日数相加，结果为13.5天，仍然少于年大风日数（15.5天）；比较各月的扬沙、沙尘暴和大风日数（见图4-7），就会发现，2月和3月大风日数为10天，扬沙和沙尘暴的总和仅为2.5天。这说明并不是所有超过4级的风都能引起扬沙。一般而言，大风可引起沙尘暴或扬沙，当能见度大于1 km时，记录为扬沙，当能见度小于1 km时，确定为沙尘暴。从理论上分析，沙尘暴过后，随着风速的减小，往往会出现扬沙，因此，沙尘暴与扬沙有一定的联系。这似乎可以解释扬沙和沙尘暴日数之和大于和等于大风日数的现象（见图4-8和图4-9）。但对照表4-12和表4-14发现，1月份铁干里克的沙尘暴日数为1.5天，扬沙日数为0.5天；3月份沙尘暴日数为2天，扬沙日数仍为0.5天，说明沙尘暴过后，并不一定会转化为扬沙天气。

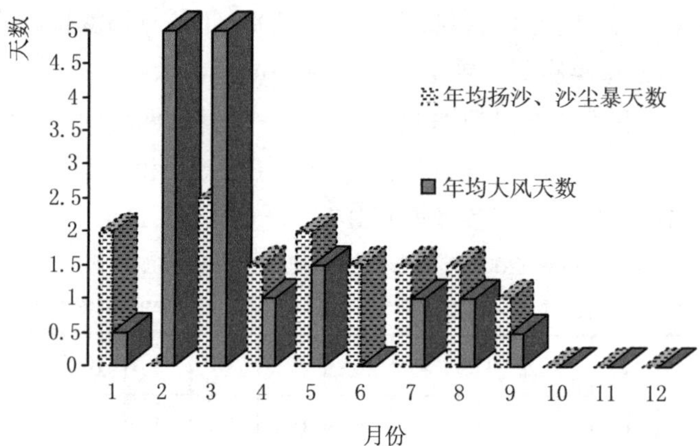

图4-7　2004—2005年铁干里克扬沙、沙尘暴与大风状况的比较

Fig. 4-7　Comparison among strong wind, dust emission and dust storm in Tieganlike from 2004 to 2005

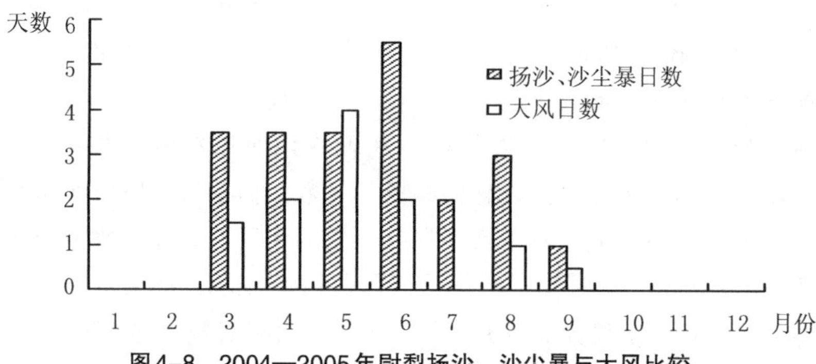

图4-8　2004—2005年尉犁扬沙、沙尘暴与大风比较

Fig. 4-8　Comparison among strong wind, dust emission and dust storm in Yuli from 2004 to 2005

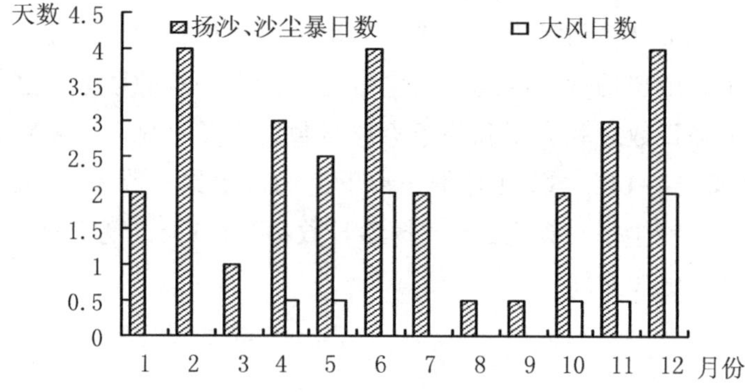

图4-9　2004—2005年和田扬沙、沙尘暴与大风比较

Fig. 4-9　Comparison among strong wind, dust emission and dust storm in Hotan from 2004 to 2005

由上述分析我们可以得到以下结论：大风、沙尘暴和扬沙是不同的天气现象，虽然它们在发生上有一定的联系，如，扬沙需要4级以上的风力，沙尘暴需要6级以上的风力，但是反过来，并不是所有的大风都能引起沙尘暴和扬沙，也不是所有的沙尘暴都会产生扬沙。沙尘暴和扬沙除了需要一定强度的风力外，还需要其他的气候条件。

塔里木盆地是我国浮尘的高发区，和田、尉犁和铁干里克均处在塔里木盆地的内部或边缘，因此，也是浮尘高发的地点。由于三个地方的地理环境不同，浮尘发生的频率也不一样。表4-15是供试区2004—2005年各月的平均浮尘日数。由表4-15可以看出，和田年均浮尘日数为128天。从浮尘的季节分布看，各月均有分布，除了7、8月少于10天外，其他月份均超过10天。根据塔里木盆地周边多地气象资料分析（见表4-2），和田是塔里木盆地浮尘发生最频繁的地区，多年平均的浮尘日数是216天，春季比较多。2004—2005年浮尘日数与多年比较偏少，只占平常年份的59%。尉犁全年平均浮尘日数为32天，全年各月均有分布，但以春、夏居多。值得关注的是，铁干里克全年没有一次浮尘天气。表4-15说明，浮尘日数在各地发生的频率是完全不同的，这种差异和各地特殊的地理环境有密切的关系。

表4-15　2004—2005年尉犁、铁干里克、和田浮尘平均值（天）

Table 4-15　Mean days of suspended dust in Hotan，Yuli，Tieganlike from 2004 to 2005

月份	1	2	3	4	5	6	7	8	9	10	11	12	小计
尉犁	0.5	1.5	9.5	4.5	0.5	3.5	3.5	3	2.5	2.5	0.5	0	32
铁干里克	0	0	0	0	0	0	0	0	0	0	0	0	0
和田	13	10	15	8.5	11.5	10	7	8	12.5	11	11.5	10	128

浮尘的来源主要有两种：一种是本地发生的，也叫自生的。其特点是范围小，规律性强，发生时间长，浮尘产自本地区内部或附近，扬尘区和降尘区为同一地区，或距离较近，浮尘的物质组成与本地区的物质组成具有同源性，可通过成分分析予以确定。这种浮尘往往是由局地环流造成的，这种局地环流的作用时间和范围还不清楚，需要进一步研究。

另一种浮尘是输入性的，也叫外生的。其特点是范围大，时间短；浮尘来源于遥远的扬尘区，降尘区与扬尘区相距甚远；浮尘的物质来源于外地，降尘的物质组成与本地的物质组成相比是异源的，确定这种浮尘的来源比较复杂，需要特殊的技术手段，目前使用比较多的技术是同位素示踪和特殊成分比值分析。这种浮尘往往是由大气环流、极地寒流、洋流等的运动引起，它们常常随季风而变化；这种浮尘往往与沙尘暴相伴发生，与大风、沙尘暴有发生上的联系，一般位于沙尘暴区域的外围，处在沙尘暴即将结束的后期。

表4-16 2004—2005年尉犁、铁干里克、和田扬沙、沙尘暴和浮尘总日数

Table 4-16 Total days of dust emission，dust storm and suspended dust in Hotan，Yuli，Tieganlike from 2004 to 2005

月份	1	2	3	4	5	6	7	8	9	10	11	12	小计
尉犁	0.5	1.5	13	8	4	9	5.5	6	3.5	2.5	0.5	0	54
铁干里克	2	0	2.5	1.5	2	1.5	1.5	1.5	1	0	0	0	13.5
和田	15	14	16	11.5	15	14	9	8.5	13	13	14.5	14	157.5

沙尘暴、扬沙、浮尘以及由它们产生的降尘，都对作物生长、发育有较大的影响。然而不同的地区，沙尘暴、扬沙和浮尘的频率不同，对作物的影响程度也不同。为了能够反映不同地区沙尘暴、扬沙和浮尘的总频率，我们制作了表4-16。表4-16是和田、尉犁和铁干里克沙尘暴、扬沙和浮尘的总和在2004—2005年各月和每年的平均日数。由表4-16可以看出，供试区沙尘暴、扬沙和浮尘的总和在不同试验点分布的频率差异较大，和田沙尘暴、扬沙和浮尘达到157.5天，尉犁为54天，铁干里克最少，只有13.5天。从季节性分布来看，和田全年均有分布，但春、夏偏多；尉犁除12月没有外，其他各月均有分布，也是以春、夏居多；铁干里克主要集中在春、夏季。由沙尘暴、扬沙和浮尘区域和时间分布规律的分析我们发现，供试区沙尘暴、扬沙和浮尘日数的区域和时间分布与浮尘日数的分布具有相似的规律，即在塔里木盆地南部最多，中、东部最少；在时间上主要集中在春季；其次是夏季；秋季也可出现，但数量明显减少；冬季最少。根据和田多年的气象资料，和田年平均沙尘暴日数为29.2天，扬沙日数为57.6天，浮尘日数是216.1天，三者总计为302.9天。2004—2005年是和田沙尘暴、扬沙和浮尘偏少的年份，分别只有11.5天、18天和128天，占常年平均日数的比例分别为39.4%、31.3%和59.2%。虽然和多年相比，供试区2004—2005年沙尘暴、扬沙和浮尘的数量大大减少，但是在区域上和时间上的分布规律并没有发生变化，因此，并不影响我们在塔里木盆地对降尘时空分布规律和发生规律的分析结果。

在塔里木盆地的南部，昆仑山的北缘是我国沙尘暴、扬沙和浮尘发生频率最高的地区。该区域除了和田外，还有皮山、墨玉、洛浦、策勒、于田、民丰等市、县，这些市、县都是沙尘暴、扬沙和浮尘的高发区，其发生时间、规律与和田基本相同，因此我们选择最有代表性的和田作为研究点。以下我们主要分析和田沙尘暴、扬沙和浮尘的发生特点。

和田之所以浮尘日数最多，和其特殊的地理环境有关。和田浮尘的发生主要有两个来源：一个是外源性输入的；另一个是内源性的。关于内源性浮尘我们在后文将重点讨论。

外源性的浮尘主要受西伯利亚寒流的影响，多发生于春季和冬季。当春、夏之际，西伯利亚寒流南侵时，首先抵达天山北侧，由于天山海拔较大，冷气流的南下受到阻隔。当然，当冷气流特别强大时，可以直接翻越天山西部，进入塔里木盆地。该冷气流翻越天山后迅即下沉，在下沉时温度不断提高，由北向南挺进时，强度逐渐减小，该气流主要影响塔里木盆地北部各市、县的天气状况，引发库车、新和、沙雅、拜城、温宿、乌什、阿克苏、柯坪、阿合奇等的沙尘暴、扬沙和浮尘天气，对和田的扬沙和浮尘天气有一定的影响。和田的扬沙多于尉犁和铁干里克，且主要在秋、冬季，可能与沙尘暴的发生机制相同，都是由西部直接翻越西天山的冷气流造成的。一般而言，这股来自西部的冷气流强度较小，到达和田时已变弱，对塔里木盆地东部的地区影响不大。

西伯利亚寒流比较容易侵入北疆，但是并不容易进入南疆，这是因为天山由西向东横亘在中部，形成了阻挡气流南下的天然屏障。不过天山是以楔形向东插入地下的，因此具有西高东低的特点；不仅如此，天山还有许多马鞍形的垭口，当地叫大阪，是气流南北交换的通道；这里风速特别大，形成“百里风区”。多数情况下，西伯利亚冷气流难以翻越高耸的天山，只能沿天山北缘向东推进，到东部天山的尾闾处，绕过天山，侵入南疆；进入南疆后转向，由东北向西南运动；所到之处，首先发生大风或沙尘暴；随着冷空气的通过，风速变小，能见度提高，转化为扬沙；当整个地区被冷气团控制后，风速降到5.5 m/s以下，能见度仍维持在1～10 km之内，就变为浮尘。由此可见，同一个地区，大风或沙尘暴经过时，可先后产生三种沙尘天气：沙尘暴→扬沙→浮尘。尉犁和铁干里克的沙尘暴和扬沙主要受该冷空气入侵的影响，且主要发生冬、春季节。该冷气流到达和田时，已比较弱，常常与西北向东南入侵的气流汇合在克里雅河附近，形成当地垄形的沙丘。该气流是造成和田地区乃至整个昆仑山北缘发生沙尘暴、扬沙和浮尘重要的因素之一，也是和田外源性降尘的重要来源之一。由于有该气流的经常性光顾，克里雅河以东的许多沙丘运动的方向是向西南的。

和田外源性降尘的另一个来源是西向翻越帕米尔高原的气流。该气流不仅是和田和整个塔里木盆地沙尘暴、扬沙和浮尘的重要外部来源而且是青海、甘肃、陕西以东，甚至韩国、日本的浮尘来源。塔里木盆地的西部是帕米尔高原和天山的交汇处，虽然境内有海拔7649 m的公格尔山和海拔7509 m的慕士塔格峰，境外有海拔7134 m的列宁峰和海拔7495 m的共产主义峰，但交汇处垭口的地势有所下降，成为气流进入的通道。如乌恰县托云乡境内的吐尔尕特山口，海拔只有3795 m，目前，已成为我国进入吉尔吉斯斯坦的口岸；位于乌恰县伊尔克什坦大河大峡谷中的伊尔克什山谷，海拔只有2400 m；红旗拉普大阪是新疆喀什市塔什库尔干县进入巴基斯坦的通道，海拔为3200～4700 m。西部进入的气流一般可分为2～3层。低层的气流常常受极地冷高压的影响，秋、冬、春较为常见，主要活动在对流层。该气流侵入喀什后，迅速向东南推进，形成塔里木盆地西部（包括和田）的沙尘暴、扬沙和浮尘天气。该气流将克里雅河西部的沙丘向东南部搬运，到达和田时，由于受到昆仑山的阻挡，风速迅速下降，将携带的物质丢下。该气流抵达克里雅河时，常常与东灌气流汇合，辐合上升，形成和田的浮尘天气。上层气流处于对流层顶部和平流层。北非、西亚、中亚发生的沙尘暴和扬沙随上升的气流进入平流层后，很容易越过帕米尔高原，进入塔里木盆地。从西部翻越高山进入的浮尘沉降后，与当地的土壤物质混合，特别是在经过人为的扰动后，更加难以区别，给研究带来困难。不过在天山和昆仑山海拔超过4000 m以上的地段，连续沉积较厚的粉砂质的黄土（当地称之为昆仑黄土），为我们深入研究来自西方的外源性降尘，提供了有利的证据。

塔里木盆地处于西风环流带，在西风环流带，平流层的气流由西向东运动。塔里木盆地位于我国西风环流带的上端，凡进入平流层的物质，对下游（东部）都有重要的影响。

内源性的浮尘是由本地区的扬尘造成的。由于范围比较小，是区域性的，主要对扬尘区自身和附近地区产生影响。当然，扬尘后，浮尘可以上升到高空，扩散到很远的地方，对其他地方产生较大影响。这种区域性的扬尘是由“区域性的环流”——局地环流造成的，因此，局地环流是区域性浮尘产生的根本原因。

注释

［1］刘强，何清，杨兴华，等. 塔克拉玛干沙漠腹地冬季大气稳定度垂直分布特征分析［J］. 干旱气象，2009，27（4）：308-313.

［2］樊自立. 新疆土地开发对生态与环境的影响及对策研究［M］. 气象出版社，1996.

［3］徐德源，桑修诚. 新疆农业气候［M］. 乌鲁木齐：新疆人民出版社，1981.

［4］朱震达. 中国沙漠概论［M］. 北京：科学出版社，1980.

［5］徐德源. 新疆农业气候资源及区划［M］. 北京：气象出版社，1989.

[6] 张霭琛. 现代气象观测 [M]. 北京：北京大学出版社，2000.

[7] 武元录，李世红，闫芳. 扬沙和浮尘天气现象辨析 [J]. 现代农业科技，2010 (6)：291.

[8] 钱庆坤. 浅议沙尘暴、扬沙、浮尘的观测方法 [J]. 山东气象，1998，74 (4)：58.

[9] 李江风. 新疆气候 [M]. 北京：气象出版社，1991.

[10] 薛福民，刘新春，马燕，等. 1997—2007年塔克拉玛干沙漠腹地沙尘天气变化特征 [J]. 沙漠与绿洲气象，2009，3 (1)：31-34.

第五章　浮尘对冬小麦的影响

1　研究的目的和意义

和田由于局地环流的作用，再加上西部翻山气流和东灌寒流的叠加影响，成为我国浮尘最严重的地区。浮尘在空中停留一段时间后，必然会通过干、湿沉降的方式，降落到地面上。降落到地面上的浮尘具有一定的成分、性质，对土壤、地面水、植物、人类生活等会产生各种作用。最近几年，人们开始关注浮尘对植物的作用，但是，有关浮尘对植物影响的文献比较少。和田以种植冬小麦和棉花为主。据初步调查，浮尘对冬小麦、棉花等作物的生长和发育有严重影响。如，作物的苗期和花期，遇到浮尘后，尘土可长期停留在作物的叶、芽和柱头表面，影响作物的呼吸、光合作用，阻碍受精、坐果，导致产量、品质下降。据初步调查，浮尘可使冬小麦减产15%～20%。

浮尘不仅直接危害植物，而且使当地的直接辐射锐减，山区的冰雪融化减缓，河水流量减少，造成短期干旱，并通过降水、土壤、气候间接影响植物生长发育。

新疆的浮尘不仅影响当地，而且迁移到黄河下游，甚至朝鲜和日本。据日本长崎县福江（128.8°E，32.7°N）和气象厅的观测[1]，每年来自中国沙漠地区的浮尘为150～400 L/km^2（0.4×10^{-4}～1.0×10^{-4} g/cm^2），在日本30°—40°N范围内的降尘量达4.1×10^6～5.3×10^6 t[2]。这些浮尘不仅改变了朝鲜和日本雨水的成分和性质[3]，而且对土壤的肥力产生重要影响[4, 5]。塔里木盆地浮尘严重，是我国，尤其是西北区，浮尘的主要发源地，具有广泛的代表性。浮尘对作物的危害已严重阻碍新疆农业生产的发展。因此，迫切需要深入系统地开展浮尘与植物的关系，尤其是浮尘对作物作用的研究，查明作物吸附和吸收浮尘后的变化规律，探明浮尘对作物作用的途径、机制及其影响因素，为进一步研究环境、生物、土壤，制定防治浮尘发生和危害的技术措施，提高作物产量和品质、改善生活和环境质量提供科学依据。

2　浮尘的数量、成分、性质

降尘对作物影响的大小，与降尘的成分、性质、降尘量等因素有关。下面我们分别进行讨论。

2.1　降尘量

根据我们多年的试验，在相同的浮尘天气条件下，距地面不同的距离，降尘量的大小是不同的。一般而言，距地面越高，降尘量越少。在和田，冬小麦的平均株高是70 cm左右，因此，研究70 cm高处的降尘，对探讨降尘对冬小麦的作用有重要的意义。

此外，在70 cm高处收集降尘还有另一层含义。如果距地面太近，很容易受地面扬尘的影响，因此，将积尘缸放置在70 cm高度，可减少地面的影响。图5-1是和田县2003—2005年距地面70 cm高度各月的平均降尘量。和田全年的平均降尘量是18913.71 kg/hm^2。全年每月均有降尘，其中，12月降尘量最低，为70.49 kg/hm^2，6月份最高，为5038.59 kg/hm^2。从降尘量的季节分布来看，4—8月均超过2300 kg/hm^2，这与浮尘的季节分布是一致的。我们知道，3—9月是新疆农作物的主要生长时期，这个时期的高降尘量对作物的生长发育的影响是很大的。

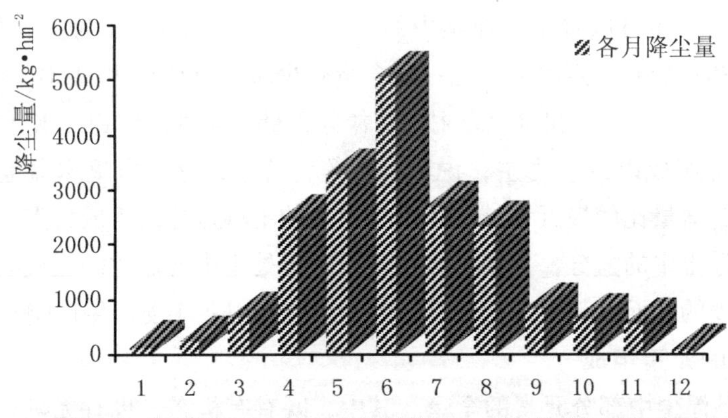

图5-1　和田2003—2005年距地面70 cm高各月平均降尘量

Fig.5-1　Average atmospheric deposition content on 70 cm above ground surface from 2003 to 2005 in Hotan

2.2 浮尘的组成

浮尘的组成包括盐分组成、元素组成、机械组成及养分组成。

2.2.1 浮尘的盐分组成

浮尘主要发生在干旱、半干旱区，这里蒸发强烈，地下水和土壤水的流动方向以上升为主。长期的上升水流，将盐分带到地表，形成“盐结皮”。盐结皮经干燥、脱水形成粉末，在风的作用下，转化为浮尘。因此，盐分是浮尘的主要组成成分。

盐分过多对作物是十分有害的。盐分一般通过土壤危害作物，浮尘可直接落入土壤，增加土壤中的盐分。根据对作物的危害程度，一般认为，在耕层30 cm，当可溶性盐分总量（总盐）超过20 g/kg，就为盐土。由表5-1可以看出，在和田距地面70 cm的浮尘中，总盐为56.8 g/kg，距地面180 cm的总盐为47.3 g/kg，远远高于盐土的标准，因此，可以把浮尘作为盐土对待。

表5-1 和田浮尘盐分含量（g/kg）

Table 5-1 The salt content of suspended dust in Hotan

浮尘	总盐	CO_3^{2-}	HCO_3^-	Cl^-	SO_4^{2-}	Ca^{2+}	Mg^{2+}	K^++Na^+
70 cm	56.800	0	0.464	8.393	19.544	9.500	3.250	15.650
180 cm	47.349	0	0.865	5.066	17.743	9.000	2.700	11.975

也就是说，每年由降尘可向土壤输送18913.71 kg/hm^{2}的盐土，其中含纯盐10742 kg。每年每公顷土壤增加10742 kg盐分，对冬小麦的生长发育肯定有不利影响。由表5-1还可以看出，浮尘中的盐分以SO_4^{2-}、K^+和Na^+为主。我们知道，盐分的组成和总盐有一定关系，当盐分含量较少时，以CO_3^{2-}和HCO_3^-为主；当积盐中度时，以SO_4^{2-}、Ca^{2+}和Mg^{2+}为主；当盐分含量较多时，以Cl^-、K^+和Na^+为主。浮尘中的盐分组成以SO_4^{2-}为主，说明是中等含盐量，这与塔里木盆地多数自然土壤表层的含盐量比较接近。结合塔里木盆地的土壤盐分的组成特点，我们可以初步判定，浮尘中的盐分，主要来自当地或附近处于中度盐化的土壤表层。浮尘降落在冬小麦的叶面，其中的盐分可被叶面吸收，对冬小麦产生影响。

2.2.2 浮尘的元素组成

表5-2是浮尘中部分元素的全量。其中，既有有机态，也有无机态；既有可溶性的离子，也有矿物晶格的组成离子。由表5-2可以看出，在大量元素中，Ca^{2+}的含量最高，为40.30～45.30 g/kg，如果除掉可溶性盐分当中的Ca^{2+}（表5-1），还有较多的矿物Ca^{2+}，说明含钙矿物比较多。

其次是含有较多的铁（23.58～25.13 g/kg），还含较多的K^+（13.42～15.13 g/kg）。在微量元素中，Zn^{2+}和Mn^{2+}的含量最高，分别达到505.32～1819.58 mg/kg和549.45～581.20 mg/kg，这对作物提供养分是有利的。值得注意的是，浮尘中还含有一定量的Cr、Ni、Sr等重金属，这对冬小麦品质会产生影响。

表5-2　和田浮尘的元素组成

Table 5-2　The element composition of suspended dust in Hotan

样品	K^+	Na^+	Ca^{2+}	Mg^{2+}	Fe^{3+}	Cu^{2+}	Zn^{2+}	Mn^{2+}	Sr	Ni	Cr
	g/kg					mg/kg					
1	15.13	19.06	40.30	12.80	25.13	32.72	1819.58	581.20	80.20	43.00	50.22
2	13.42	16.09	45.30	13.39	23.58	16.63	505.32	549.45	95.60	45.87	37.17

图5-2是我们通过电子探针对浮尘的元素组成进行的分析。由图5-2可以看出，浮尘的矿物晶格中含有C、O、Na、Mg、Al、Si、S、Cl、K、Ca、Ti、Fe等元素。从元素的峰值（相对含量）看，首先Si、O、Al峰值较高，也就意味着相对含量较多，说明原生矿物较多，矿物的风化程度较低。其次是含有较多的碳元素。碳元素以无机碳和有机碳两种形式出现，无机碳主要是CO_3^{2-}和HCO_3^-，因为土壤中含有较多的方解石和白云石。另一种可能是有机成分的碳。有机质在矿物表面形成膜，并与矿物质结合形成有机-无机复合体，这种结合一般发生在矿物表面。第三，矿物中含有较多的钙、镁元素，结合其他元素的含量判断，钙、镁主要以方解石、白云石、石膏等矿物的形式存在。最后，矿物中有丰富的Cl、Na、K、S等元素，这些元素极容易移动，从矿物中释放出来，对作物产生危害。

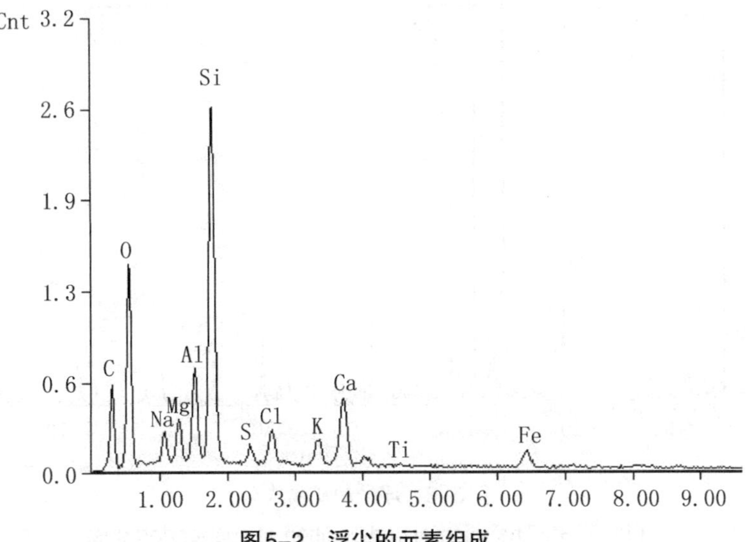

图5-2　浮尘的元素组成

Fig.5-2　The element composition of suspended dust

2.2.3 浮尘的机械组成

表5-3是浮尘的机械组成。由表5-3可以看出，在浮尘颗粒组成中，以直径为0.05～0.02 mm的颗粒（粗粉砂）为主，其次是直径为0.10～0.05 mm的颗粒（细砂）和直径为0.02～0.01 mm的颗粒（粗粉砂），直径小于0.002 mm的黏粒较少，说明浮尘的机械组成是以粗粉砂为主，含一定量的细砂，这与黄土高原黄土的机械组成是基本一致的。

表5-3 浮尘的机械组成（g/kg）

Table 5-3 The mechanical composition of suspended dust

颗粒直径	>0.25	0.10～0.25	0.05～0.10	0.02～0.05	0.01～0.02	0.005～0.01	0.002～0.005	<0.002
样品1	0	3.69	179.33	343.48	192.65	48.19	50.53	66.25
样品2	0	9.32	231.04	328.37	136.43	53.17	65.40	57.16

2.2.4 浮尘的矿物组成

我们分析了浮尘的矿物组成，结果见图5-3。由图5-3的X射线衍射图可以看出，浮尘中大部分为原生矿物，其中主要有石英（SiO_2）、方解石［$CaCO_3$］、白云母［$K(Al·V)_2(SiAl)_4O_{10}(OH)_2$］、正长石［钠长石，$(Na,Ca)Al(Si·Al)_3O_8$］、斜绿泥石［$Mg_3Mn_2AlSi_3AlO_{10}(OH)_8$］、角闪石［直闪石，$Mg_7Si_8O_{22}(OH)_2$］、白云石［$CaMg(CO_3)_2$］、白云母［$KAl_2Si_3AlO_{10}(OH)_2$］等，说明风化程度比较低。

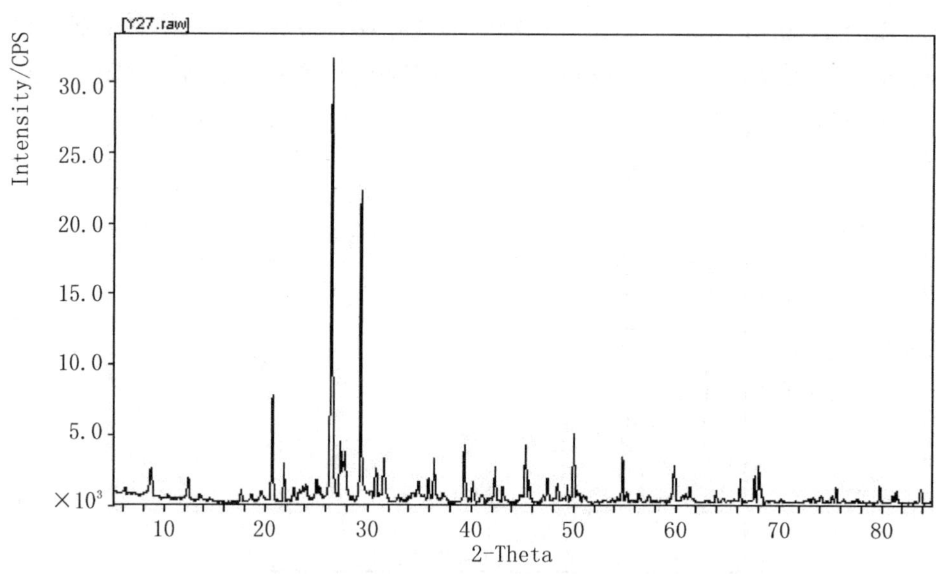

图5-3 浮尘的矿物成分

Fig. 5-3 The mineral composition of suspended dust

和田的主要土壤是棕漠土、灌漠土及风沙土，这些土壤的矿物组成也是以原生矿物为主，只是颗粒更加粗大。从浮尘的矿物组成看，与当地的土壤矿物组成是基本一致的。这也说明浮尘来源于当地的土壤。浮尘中的矿物颗粒少部分降落在作物叶面上，大部分降落到土壤表面，增加土壤的细土物质，从而对作物的生长发育产生影响。

2.2.5 浮尘的养分组成

浮尘中的养分对冬小麦的生长发育有直接影响。浮尘飘落在叶面上，其中的养分可直接被叶面吸收。表5-4是浮尘中的大量养分含量。由表5-4可以看出，两个不同时期的浮尘样品，其养分含量的差异是比较大的。实际上，不同地区、同一地区不同时间的浮尘，其养分含量是不同的。浮尘中还含有较多的有机质（23.86～40.5 g/kg）。在塔里木盆地的土壤中，有机质的含量是比较低的，一般在8 g/kg以下。浮尘中的有机质来源于附近表层土壤，由于有机质比较轻，容易吹浮。关于浮尘中有机质的存在状态，大致有以下几种：动植物残体；土壤微生物；有机-无机复合体。浮尘中的有机质随浮尘落入土壤后，可增加土壤的有机质含量。但是，由于这些有机质原本来自土壤，又回归土壤，只是在土壤中重新分配。根据我们在和田多年的风蚀试验，和田既有浮尘的沉积，也有风蚀，但风蚀大于沉降；每年平均可吹失4 cm的土壤表层，因此，土壤有机质是减少的。浮尘中含有较多的有机质也说明，浮尘来自当地的农田，应加强对农田表层土壤的保护，特别应开展少耕和免耕的研究。浮尘中含有较多的氮、磷、钾，特别是速效的氮、磷、钾。特别值得注意的是，浮尘中的氮较多；全氮含量与有机质含量有密切的关系，说明大部分的氮存在于有机质当中；浮尘中还含有较多的速效氮，这对冬小麦的生长发育是十分有益的。和田的浮尘高发期在4—6月，5月初是小麦的扬花时期，降尘对冬小麦的生长发育有正、反两方面的作用。一方面，降尘落在柱头上，影响冬小麦花粉的受精，使穗粒数下降；另一方面，浮尘中的养分可通过叶面被冬小麦吸收，增加冬小麦后期的营养。6月10—15日，是和田冬小麦的收获季节，5月初至6月上旬，是冬小麦的灌浆时期，这时，根系逐渐老化，根系的吸收能力减弱，降尘中含有的氮、磷、钾通过叶面进入冬小麦体内，对冬小麦灌浆是十分有利的。

表5-4 浮尘的养分含量

Table 5-4 The nutrient content of dust-fall

	有机质	全氮	全磷	全钾	速效氮	速效磷	速效钾
	g/kg				mg/kg		
样品6	23.86	0.236	0.76	18.94	75.43	19.15	28.07
样品7	40.5	0.402	0.87	20.42	189.07	63.02	26.54

2.3 浮尘的性质

浮尘对作物影响的大小主要看其所含化学成分及性质。浮尘的性质及化学成分见表5-5。由表5-5可见，浮尘的pH为中性至碱性，这与附近农田的土壤pH接近；浮尘中含有较多的石灰和石膏，其含量分别为115.06～118.46 g/kg和42.79～133.18 g/kg，远远高于当地的农业土壤。这些石灰和石膏可能来自附近的多种土壤被风蚀的表层，石膏可能来自附近的盐池。在干旱地区，土壤中含有较多的石灰和石膏。在不同的土壤中，石灰和石膏在剖面中的分布是不同的。在地带性土壤中，如和田的棕漠土，表层含较多的石灰，而石膏一般淀积在剖面下部；在地下水位较高的草甸土、盐土、盐化棕漠土中，溶解于水中的石膏，随地下水上升，水分蒸发后，石膏留在地表，因此，这些土壤中的石膏具有明显的表聚性。

表5-5 浮尘的化学性质

Table 5-5 The chemical properties of suspended dust

	pH	石灰	石膏	CEC	代换性阳离子/cmol·kg^{-1}			
	g/kg			cmol/kg	K^+	Na^+	Ca^{2+}	Mg^{2+}
样品1	7.5	115.06	42.79	13.984	0.468	4.929	10.200	0.378
样品2	8.28	118.46	133.18	12.589	0.408	1.500	9.487	3.204
平均	7.89	116.76	87.985	13.2865	0.438	3.2145	9.8435	1.791

石灰的溶解性较差，颗粒细小，对土壤的性质影响不大；但落在叶面后，与其他难溶性矿物的作用相同，可能会堵塞气孔。石膏的溶解性较大，一方面可直接通过石膏颗粒堵塞气孔，另一方面可随雨水，溶解为Ca^{2+}和SO_4^{2-}，通过叶面进入冬小麦体内，增加冬小麦体内的盐分；此外，石膏粉尘落入土壤，可增加土壤的盐分，间接影响冬小麦生长发育。

浮尘的阳离子交换量在12.589～13.984 cmol/kg之间，以钙为主。值得注意的是，样品1的钠离子交换量为4.929 cmol/kg，钠化度为35.32%，说明碱化程度非常高。如果按平均值计算，浮尘的碱化度也达到了24.19%。说明浮尘来自碱化土的表层。高度碱化的浮尘，对冬小麦及其他作物的生长发育肯定是有害的，但危害的程度，目前难以推断。从理论上讲，碱性浮尘落在冬小麦的叶片和花上，可提高冬小麦的pH值，但同时有石膏的缓冲作用，又阻碍了pH值的增加，因此，浮尘的pH值为弱碱性（见表5-5）。碱化浮尘对冬小麦开花、受精是否有危害，目前尚不清楚。从长期看，随着浮尘在土壤中的积累，对土壤碱化会有影响。

3 浮尘对冬小麦的作用

浮尘对干旱区各种作物均有作用。南疆种植的主要作物有冬小麦、玉米、棉花、各种蔬菜、水果等，其中面积最大是冬小麦和棉花。新疆各民族人民特别喜欢吃拉面和馕，拉面对小麦的物理性状，如延伸性、抗拉强度、强度延伸比值等有较高的要求，这些食品所要求的原料小麦，均是由当地生产的。因此，在新疆研究浮尘对冬小麦的影响，有十分重要的意义。

浮尘对冬小麦有直接和间接作用。间接作用有很多，其效果难以估算。如，浮尘可以加大冰川的融化，引起山洪暴发，从而减少冰川淡水的数量，使作物受春旱之灾；浮尘天气减少太阳的有效辐射，使作物的光合效率下降；浮尘通过影响土壤和水的性质和成分，影响作物的生长发育等。

浮尘对作物的直接影响研究资料较少，多数停留在定性阶段。对冬小麦与浮尘关系的研究，资料更少。本研究是国家自然科学基金资助项目的一部分，旨在探讨浮尘对冬小麦产量、品质的影响，寻找冬小麦在浮尘条件下的生长发育规律，为今后进一步深入研究，积累资料。

3.1 浮尘对冬小麦产量的影响

浮尘对冬小麦的产量有影响。根据前人的研究资料，大约降低10%的产量。以往的研究，主要是田间调查，获得的资料是半定量的。为此，我们通过在多地开展3～6年的田间定点试验、盆栽试验，探讨浮尘对冬小麦生长发育的影响。部分结果见表5-6。

表5-6 和田有尘冬小麦和无尘冬小麦的产量性状比较

Table 5-6 The comparison of yield properties between dusty and dust-free winter wheat in Hotan

处理	千粒重	穗粒数	经济产量	生物产量	经济系数
	g		666.7 m^2	666.7 m^2	
无尘	39.68	36.97	481.48	1134.25	0.4267
有尘	39.61	31.50	395.53	937.50	0.4233
T,df	0.073,4	3.805,4	2.846,4	2.471,4	0.302,4
Sig.(P)	0.945	0.019	0.047	0.069	0.778

表5-6中的产量数据，是通过在和田冬小麦的定点试验，由人工将各小区的冬小麦收获、脱粒和称量，再经统计分析后得到的。经济产量是脱粒后冬小麦籽粒的干重，生物产量是冬小麦地上部的全部干重。由表5-6可以看出，未受降尘影响的冬小麦的经济产量为7222.2 kg/hm^2（481.48千克/亩），而降尘后的冬小麦的经济产量降到了5932.95 kg/hm^2（395.53千克/亩），减产幅度达17.85%。经统计检验，降尘和非降尘之间的差异达到了显著程度。同样，未受降尘影响的冬小麦的生物产量为17013.75 kg/hm^2（1134.25千克/亩），而受降尘影响的生物产量降到了14062.50 kg/hm^2（937.50千克/亩），减产幅度达17.35%。

由表5-6还可以看出，每穗的粒数受降尘影响较大：未接受降尘时，穗粒数的平均值为36.97，受到降尘影响后，穗粒数只有31.5粒，两者平均相差5.5粒。经方差分析，两者差异性显著程度接近极显著，说明浮尘对冬小麦的穗粒数有显著影响。

由表5-6还可以看出，冬小麦受降尘影响和未受影响的条件下，千粒重和经济系数之间的差异未达到显著程度，说明降尘对千粒重和经济系数的影响不大。

根据我们在南疆对冬小麦多年的田间定点观察，5月上旬，是和田冬小麦的扬花期，之后，冬小麦进入灌浆期，6月上中旬，冬小麦成熟。小麦进入灌浆期后（5月中旬），正值春夏之交，地温、气温急剧上升，不同区域之间的温差，特别是山区和平原之间的温差越来越大，近地面空气对流加强，形成了强烈的局地环流，造成了麦区频繁的大风天气。虽然这时浮尘天气较多，但在风的作用下，降尘难以在冬小麦叶片上停留，使浮尘对冬小麦的直接影响减弱，因此，降尘对冬小麦灌浆的影响较小。与此同时，冬小麦进入灌浆期后，各器官已发育成熟，对浮尘危害的抵抗能力增强，灌浆后期，一部分早期形成的叶片死亡，冬小麦各器官开始老化，对浮尘危害的敏感性下降，这也促使浮尘对冬小麦灌浆影响力的下降。灌浆好坏与冬小麦的千粒重有密切的关系。对表5-6的分析表明，在降尘和非降尘条件下，和田冬小麦的千粒重并没有明显差异，说明降尘对冬小麦的灌浆确实没有明显影响。

众所周知，冬小麦的经济产量是由每亩穗数、每穗粒数及千粒重三部分构成的。每亩穗数主要由播种量和有效分蘖控制。就和田的冬小麦而言，主要通过增加播种量，创造高密度群体，获得高产，因此，和田冬小麦的分蘖力不强，一般以主茎穗为主，争取一个有效蘖。表5-7的数据表明，和田冬小麦的总蘖数平均在1.4以下，也就是说，有效分蘖数不到40%。在正常情况下，和田冬小麦的平均总有效蘖数为1.33个，降尘条件下为1.23个，两者之间虽然有0.10的差值，但经统计性方差检验，并没有明显差异，这说明浮尘对冬小麦的分蘖没有影响。不仅如此，在有尘和无尘的条件下，冬小麦的无效蘖数、叶面积、株高也无明显差异，说明浮尘对分蘖、叶面积和株高没有显著影响。分蘖特性、叶面积和株高的变化，代表着冬小麦的营养生长，也就是说，浮尘对冬小麦的营养生长影响不大。值得注意的是，在降尘条件下，和田冬小麦的总小穗数减少了0.9个，穗长减少了0.6 cm，经统计学检验，在有尘和无尘条件下，总小穗数和穗长均有明显差异。结合前面的分析，我们可以初步推断，在浮尘条件下，和田冬小麦经济产量的下降和穗粒数、总小穗数、穗长有关，也就是说，是由它们的下降或减少造成的。

表5-7　和田有尘冬小麦和无尘冬小麦的生长性状比较

Table 5-7　The comparison of growth properties between dusty and dust-free winter wheat in Hotan

处理	穗长	株高	总小穗数	无效小穗数	总蘖数	无效蘖数	叶面积
	cm	cm					cm^2
无尘	7.4500	70.5367	20.2667	1.8667	1.3333	0.133	17.447
有尘	6.8467	69.1733	19.3667	2.2667	1.2333	0.1667	15.807
T, df	2.821, 4	0.883, 4	5.63, 4	−1.16, 4	1.061, 4	−0.707	1.896
Sig.(P)	0.048	0.427	0.05	0.311	0.349	0.519	0.131

和田冬小麦的最佳播种期为9月25日至10月5日，冬前一般长3片叶，来年4月上旬以前分蘖完成。根据实地观察，在3月以前和田冬小麦就已进入茎叶原基分化期和伸长期，这段时间，冬小麦主要进行营养生长。表5-6和表5-7表明有尘和无尘条件下株高、分蘖和叶面积没有明显差异，说明浮尘对冬小麦的营养生长没有影响，也就是说，3月以前，浮尘天气对冬小麦的生长影响不大。因为3月以前和田地区出现浮尘天气的次数较少、强度较小，因此对冬小麦生长的影响比较小。

我们知道，浮尘对冬小麦经济产量的影响，其实质就是对冬小麦穗发育的影响。根据小麦栽培经验，穗轴分化期至小花原基分化期是决定穗长和小穗数多少的关键时期，小花原基分化期至四分体形成期是决定穗粒数多少的关键时期，药隔形成期至四分体形成期是防止小花退化、提高结实率的关键时期。

3月是和田浮尘天气由少到多的转变时期，4—6月是浮尘天气最多的时期。根据对和田冬小麦幼穗分化进程的观察，3月上旬，和田冬小麦穗分化进入单棱期（穗轴分化期），3月中旬进入二棱期（小穗原基分化期），3月中下旬进入小花原基分化期，4月上旬为雌雄蕊原基形成期，同时开始拔节，4月上中旬为药隔分化期，4月中旬进入四分体形成期。

由此我们可以断定，3月上旬至下旬是决定穗长和小穗数的关键时期。这时，在外观上，冬小麦处在分蘖阶段；内部处于幼穗分化初期，开始进入营养生长与生殖生长并举阶段；与此同时，冬小麦经过漫长的冬季，体内积累的营养已消耗殆尽，抵抗力较差，对外界环境的变化，特别是浮尘的出现比较敏感。在气候上，东灌气流侵入频繁，气温波动较大，这时，虽然浮尘的发生次数和强度尚未达到高峰，但浮尘的降温效应不可低估，因此，3月浮尘对冬小麦的危害仍然较大。为了减轻浮尘天气的危害，冬小麦应及时追施氮肥，配合浇水。

4月是决定穗粒数的关键时期，在外观上，4月初冬小麦开始拔节，之后不断抽出新叶，营养生长非常迅速，叶面积达到最大；在内部，幼穗加速发育，完成整个幼穗分化，4月下旬抽穗；同时浮尘天气比较严重，对冬小麦的经济产量影响最大。这个时期，除了施肥和浇水外，还要配合除尘，减少浮尘的危害。

由上述分析我们可以初步得出以下结论：浮尘天气最严重的时期是4—6月，但对冬小麦危害最大的时期是3—4月，这段时间和田冬小麦处在穗轴分化期至四分体形成期；浮尘主要通过影响冬小麦的幼穗发育和分化，从而降低冬小麦的经济产量，对前期的营养生长和后期的灌浆影响不大。

3.2 浮尘对冬小麦品质的影响

浮尘不仅降低冬小麦的产量，而且影响冬小麦的营养成分。表5-8是在有尘和无尘条件下冬小麦籽粒粗蛋白和淀粉含量之间的差异。

表5-8 和田有尘和无尘条件下冬小麦营养成分的比较

Table 5-8 Nutritional ingredients in dusty wheat plants in comparison with those in dust-free wheat plants in Hotan

处理	重复	粗蛋白	淀粉含量	糖和其他成分
		%	%	%
无尘	1	13.20	77.35	9.45
	2	13.09	78.3	8.61
	3	13.14	82.94	3.92
	平均	13.14	79.53	7.33
有尘	1	12.76	66.71	20.53
	2	12.97	67.12	19.91
	3	12.72	66.3	20.98
	平均	12.82	66.71	20.47
T,df	独立	3.898,4	7.36,4	−7.520,2.130
Sig.(P)	双侧	0.018	0.002	0.014

由表5-8可以看出，在无尘条件下，冬小麦籽粒粗蛋白的平均含量为13.14%，比有尘籽粒平均粗蛋白的含量（12.82%）高0.32个百分点，经统计性检验，两者之间存在显著差异。同样，在有尘和无尘条件下，冬小麦籽粒中淀粉的平均含量分别为79.53%和66.71%，两者之间相差12.82个百分点，经t检验，两者之间的差异达到了极显著程度。此外，对于其他成分，如糖、矿物质等，两者之间也存在显著差异。

对冬小麦营养而言，蛋白质含量的高低，是判定冬小麦营养成分高低的主要指标。在浮尘的作用下，和田冬小麦的蛋白质含量明显下降，说明浮尘可以造成冬小麦营养品质的降低。对于其他成分，主要是糖、矿物质等一些小分子化合物。

籽粒中蛋白质和淀粉的积累过程，是冬小麦在光合作用下，将吸收的无机氮、CO_2和H_2O转化为氨基酸和简单的碳水化合物（如单糖）进而合成高分子化合物的过程，即由小分子化合物转化为高分子有机化合物的过程。与此同时，为了维持生命活动和能量的需要，还要进行呼吸，将已合成的高分子化合物分解为小分子化合物，同时放出能量。这两个过程的方向是相反的，但同时在进行。酶在这两个过程中起着十分重要的作用。

在无尘的正常情况下，冬小麦的光合作用和呼吸作用正常进行，蛋白质和淀粉正常积累。但在浮尘天气条件下，光合有效辐射降低，同时叶面附尘后，光通量减少，温度发生变化，气体交换不通畅，正常的光合过程受到抑制，因而积累的物质减少；与此同时，冬小麦为了抵抗恶劣环境的变化，需要加大呼吸，释放能量，因而分解过程增强。由此可见，浮尘发生的过程，就是冬小麦光合作用、合成作用减弱的过程，同时也是呼吸作用、分解作用增强的过程。在降尘条件下，由于上述两个过程综合作用的结果，导致了冬小麦籽粒的蛋白质、淀粉含量下降和其他物质（小分子化合物）增多。

在新疆，多数消费者比较关注小麦的物理性质，但在降尘条件下，小麦的物理性质有何变化，尚需进一步研究；在浮尘条件下，产生的游离小分子化合物的种类还不清楚；这些问题有待继续研究。

3.3　浮尘对冬小麦生长发育的影响

冬小麦生长发育的快慢与吸收的养分数量、体内合成中间产物的数量及酶的活性有关。一般而言，吸收的养分多，养分在体内就积累得多；吸收的养分多，光合作用强，体内的中间产物就多；酶活性强，生长发育就快。因此，可以通过冬小麦体内养分的含量、中间产物的多少、酶的活性高低来判断冬小麦生长发育的快慢。

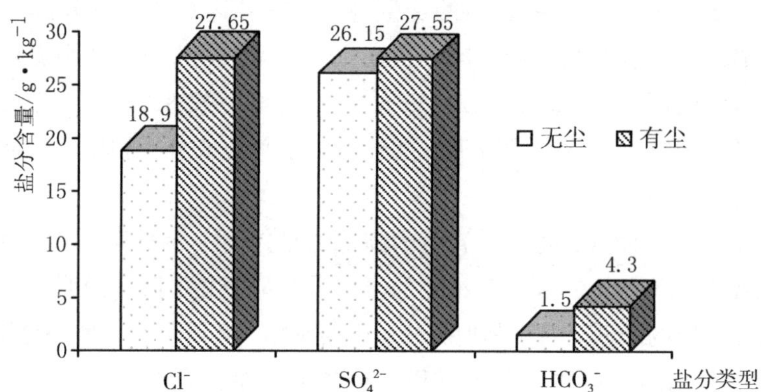

图5-4　在降尘和无尘条件下和田冬小麦植株中的盐分比较

Fig. 5-4　The comparison of content of salt between dusty and dust-free wheat plants

图5-4是在有尘和无尘条件下，和田冬小麦地上部分茎叶中所吸收的阴离子的含量。由图5-4看以看出，在无尘的正常条件下，冬小麦茎叶中含有一定量的Cl^-、SO_4^{2-}、HCO_3^-，说明这些离子是冬小麦所需要的，是从土壤中吸收的。但是在降尘条件下，冬小麦的茎叶中含有更多的这些离子，特别是Cl^-和SO_4^{2-}，分别达到27.65 g/kg和27.55 g/kg。我们曾经分析过，降尘中含有较多的盐分，并且以Cl^-和SO_4^{2-}为主，这说明降尘的离子组成和小麦体内的离子组成是基本一致的，这些离子很可能随降尘附着在小麦的叶片上，并通过叶面被小麦吸入体内。

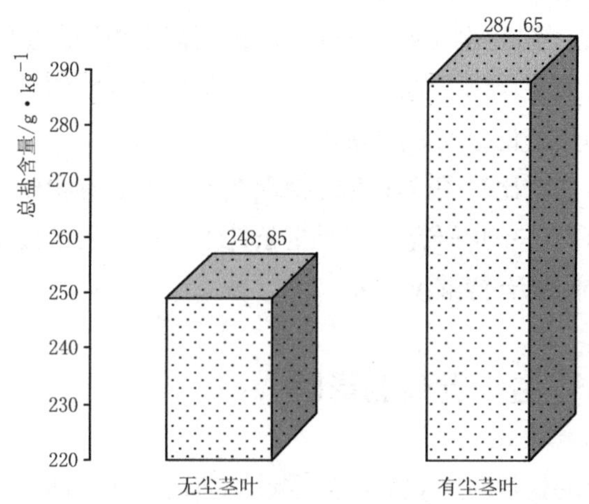

图5-5　不同处理冬小麦植株中的总盐比较

Fig.5-5　The comparison of total content of salt in winter wheat plants under various treatments

图5-5是在降尘和无降尘的正常条件下，和田冬小麦茎叶中的总盐量。在降尘条件下，冬小麦植株内的总盐含量比无降尘的冬小麦植株多38.8 g/kg。这部分盐分可能是通过降尘进入冬小麦体内的。

关于盐土对作物的危害，已有很多研究资料。如，土壤耕层盐分过高（总盐含量＞20.0 g/kg）将会因渗透压过高，而抑制作物对养分的吸收，即所谓的“渗透抑制理论”。土壤、水中盐分过多，作物会被动地多吸收盐分进入体内，因而植株中的盐分含量高于正常。作物体内过多的盐分会引起矿物质养分的失调，甚至造成离子毒害，具体机制可能是盐分引起植物体内氮代谢的失调，产生NH_3的毒害。

同样的盐分能否对作物产生危害，还和作物的耐盐力有关。如苜蓿、甜菜、高粱等作物耐盐力较强，能够抵抗较高的盐分；冬小麦的耐盐力一般，但是长期处于高盐环境的胁迫下，对高盐会产生一定的适应。对于浮尘中的盐分被冬小麦吸收后是否会产生危害，危害的程度是多少，目前还难以做出结论，还需要进一步研究。

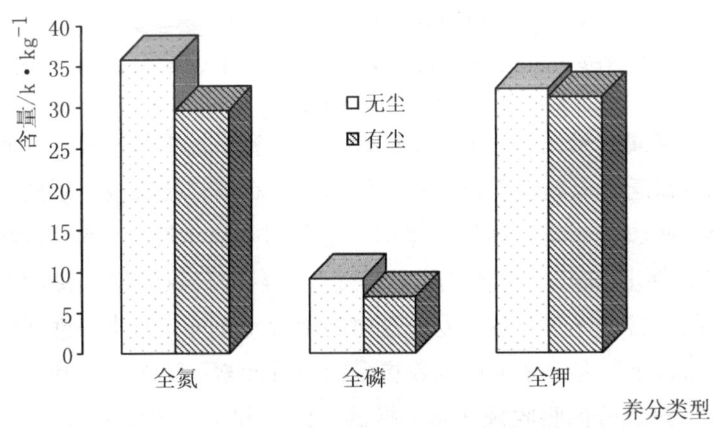

图5-6　不同处理冬小麦植株中的氮、磷、钾的含量

Fig.5-6　The content of total nitrogen，total phosphorus，total potassium in winter wheat plants under various treatments

冬小麦体内氮、磷、钾的含量一方面可反映出环境中这些元素的丰缺，另一方面也可间接反映出冬小麦的生长状况。一般而言，冬小麦生长旺盛，吸收的氮、磷、钾元素会多一些。图5-6是无尘和有尘条件下，和田冬小麦植株中氮、磷、钾全量的比较，由图5-6可以看出，在无尘条件 下，冬小麦吸收的氮、磷、钾比有尘条件下要多。虽然降尘中也含有氮、磷、钾，可被冬小麦叶片吸收，但是浮尘的危害作用大于浮尘叶面营养的有益作用。冬小麦体内的氮、磷、钾元素主要是通过根系从土壤中吸收的。浮尘天气条件下，减小了冬小麦的光合速率，阻碍了冬小麦的生长发育，因此对养分的吸收就减少，因而，在降尘情况下，冬小麦体内的氮、磷、钾总量就减少。这也说明浮尘影响冬小麦对氮磷钾元素的正常吸收，即减少氮、磷、钾的吸收。

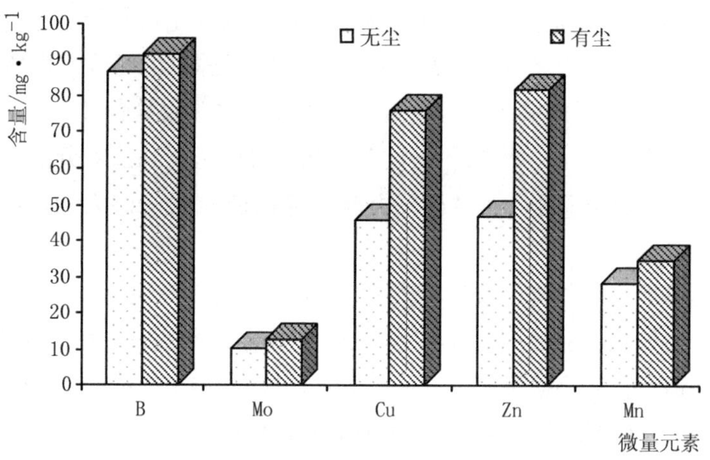

图5–7　不同处理冬小麦植株中微量元素含量

Fig.5–7　The content of trace elements in winter wheat plants under various treatments

氮、磷、钾属大量元素，土壤中比较多，也容易被根部吸收。然而土壤中的微量元素比较缺乏，有效性低，且难以移动，很难被作物吸收。因此，在浮尘条件下，冬小麦吸收氮、磷、钾的规律不一定适用微量元素。图5–7是和田冬小麦在浮尘天气条件下和无尘正常情况下对微量元素的吸收状况。由图5–7可以看出，在无尘的正常情况下，冬小麦植株内的微量元素均比有尘条件下低，也就是说，在降尘条件下，冬小麦能够吸收更多的微量元素。这个规律和冬小麦在浮尘天气条件下，对盐分的吸收规律是一样的。因为和田土壤中的微量元素比较少，难以满足冬小麦的需要，浮尘中含有一部分微量元素，可通过叶面被冬小麦吸收，增加冬小麦体内的微量元素。施肥的实践证明，在干旱的碱性土壤中，微量元素很难被冬小麦等旱地作物（相对于水田作物）利用，而叶面施肥往往有较好的效果。因此，浮尘尽管对冬小麦生长发育有危害，但对提供微量元素营养还是有益的。

至于冬小麦对其他元素的吸收，和对微量元素吸收的规律基本一致，即在降尘条件下，能够吸收更多的元素，在降尘条件下生长的冬小麦，其体内含有的重金属元素明显高于正常条件下生长的小麦。表5–9显示，在无尘的条件下，冬小麦植株内已含有部分重金属元素，这些元素很可能来自当地的土壤中。和田的耕地主要采用冬小麦、玉米、棉花、豆类、苜蓿等作物的轮作。冬小麦和玉米采用套播或复播方式，一般在冬小麦收获前一个月将玉米套入冬小麦行间，可以达到每亩吨粮的效果。但是，为了防止鼠害，播前需要对玉米种进行拌种处理，因此需要使用农药。冬小麦、玉米田改种棉花后，病虫害也比较严重，需要使用农药，在喷施农药过程中，必然对土壤造成污染。不仅如此，工业大气污染、机动车辆的尾气污染、水污染都会转移到土壤中，造成土壤中含有一定量的重金属离子。

表5-9　在无尘和有尘条件下冬小麦植株中重金属元素的比较（mg/kg）

Table 5-9　The comparison of heavy metal contents between dusty and dust-free winter wheat plants（mg/kg）

处理	Cu	Zn	Mn	Fe	Ni	Cd	Cr	Pb
无尘	0.773	5.96	28.3	95.8	2.54	0.207	0.479	0.459
有尘	2.92	6.87	36.0	156.8	3.54	0.659	1.04	0.705

根据我们多年的试验，田间交通道路对作物的污染也是非常严重的。这些污染物可分为有机物和无机物（重金属类），按其形态可分为气态和固态（粒子），特殊情况下，也有液态（泄漏）。主要来源有道路的磨蚀物、溶蚀物、机动车辆的尾气、泄漏物、轮胎磨损等。汽车尾气的成分十分复杂，超过100种，除了含有CO、CO_2、SO_2、碳氢化物及衍生物（如烷、醇、醛、酸、酮、烯、酰胺、酯、酚、杂环化合物等）、氮氧化物（NO_x）、多环芳烃（PAHs，主要有苯并芘、菲、晕苯、苯并蒽等）等成分外，还含有大量的重金属（如铅、镍、铬、镉、锰）等[6-8]。不同的车型，不同的油类，尾气成分不同，排放量也有差异[9]。

在表5-2中，我们曾列出了和田浮尘中的部分重金属元素，说明浮尘受到了重金属的污染。浮尘中的重金属是人类活动的产物，它们主要来自大气污染、汽车尾气和被污染的土壤表层。特别值得注意的是，新疆处于干旱地区，地形封闭，土壤的自净能力低，一旦土壤受到污染，重金属很难迁移，会长期停留在土壤中，因此，土壤中的重金属是逐渐积累的。

含重金属的浮尘，降落在叶片上，可以被叶面吸收，因此，含尘的冬小麦植株内含有更多的重金属元素。这也说明，浮尘中的重金属可以被冬小麦吸收，浮尘可以导致冬小麦的重金属污染，使其营养品质降低。新疆是牧业大省，冬小麦秸秆一般都作为牲畜的饲料。含重金属的冬小麦秸秆被牲畜食用后，可转移到动物体内，最终转移到人的体内，对人类健康造成危害。因此，浮尘造成冬小麦植株内重金属的增加，应该引起我们高度的关注！

冬小麦的生长发育过程，实质是有机物的合成与分解过程，这个过程是通过光合作用、呼吸作用和各种代谢完成的。在植物的各种代谢中，蛋白质的合成占有最重要的低位。植物体内蛋白质的合成是分步进行的，如：CO_2+H_2O+SO_4^{2-}+NH_4^++…→氨基酸+多糖→多肽→蛋白质。因此，氨基酸是蛋白质合成过程中的中间产物，它的多少可以反映出冬小麦体内蛋白质代谢的状况，同样也可反映出冬小麦的生长发育态势。

图5-8、图5-9和图5-10是和田冬小麦在降尘和无尘条件下，茎叶内各种氨基酸的含量。其中，图5-8是丝氨酸、甘氨酸、缬氨酸、赖氨酸、精氨酸和苏氨酸的含量，由图5-8可以看出，在降尘条件下，有些氨基酸的含量较正常条件下升高，如赖氨酸、精氨酸和苏氨酸；有些氨基酸含量降低，如丝氨酸、甘氨酸和缬氨酸。

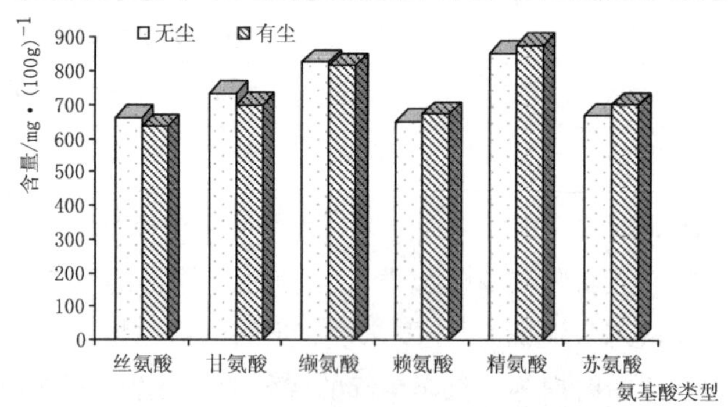

图5-8　不同处理冬小麦植株中氨基酸的含量

Fig. 5-8　The content of aminoacid in winter wheat plants under various treatments

图5-9是丙氨酸、亮氨酸、酪氨酸、苯丙氨酸、组氨酸、异亮氨酸的含量，由图5-9可知，在降尘条件下，冬小麦茎叶中所有这些氨基酸的含量都是降低的，这说明降尘影响氨基酸的合成，使氨基酸的代谢受到阻碍。图5-10是在降尘和非降尘的正常情况下，冬小麦植株内天门冬氨酸、谷氨酸和总氨基酸的含量，由图5-10可以看出，在降尘条件下，天门冬氨酸、谷氨酸和总氨基酸的含量均降低；特别是植株体内氨基酸的总量代表了氨基酸的总体消长情况，说明总体而言，浮尘可降低植物体内氨基酸的含量。

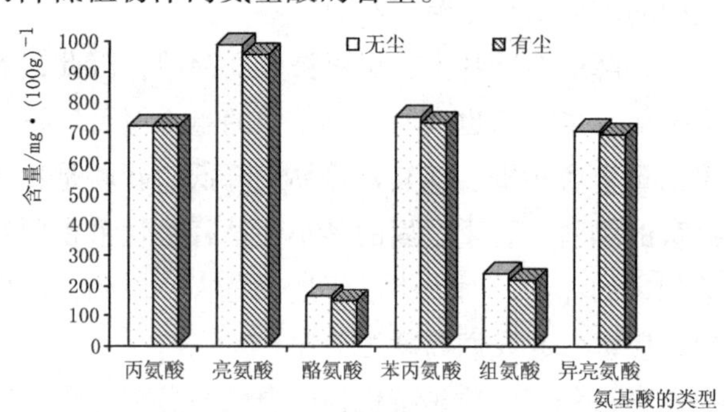

图5-9　不同处理冬小麦植株中氨基酸的含量

Fig. 5-9　The content of aminoacid in winter wheat plants under various treatments

前已述及，浮尘可阻碍小麦植株对氮的吸收，使植物体内全氮的含量降低；氮是氨基酸和蛋白质合成的原料，氮原料减少，自然影响氨基酸的含量。有些氨基酸是蛋白质合成所必需的氨基酸，如，苏氨酸、缬氨酸、蛋氨酸、亮氨酸、异亮氨酸、赖氨酸、苯丙氨酸、色氨酸等，它们含量的高低反映蛋白质的优劣。

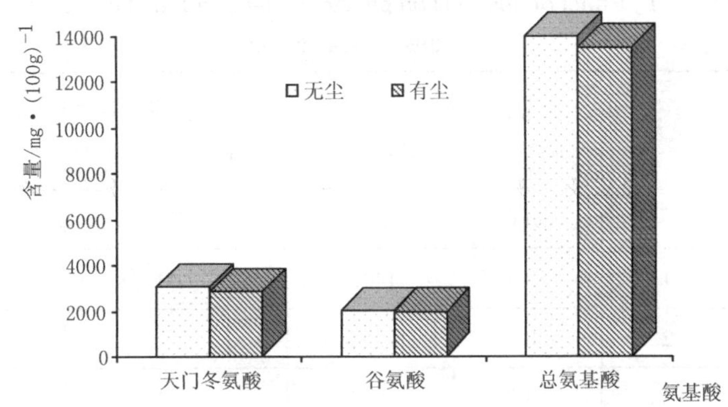

图5-10　不同处理冬小麦植株中氨基酸的含量

Fig.5-10　The content of aminoacid in winter wheat plants under various treatments

研究表明，茎叶中的游离氨基酸是能够转移的氨基酸，它们可能是籽粒蛋白质合成的原料来源，因此茎叶内氨基酸含量的高低，与籽粒中蛋白质的含量有较高的相关性[10, 11]，由此可见，冬小麦植株内氨基酸的总含量降低，必然导致籽粒中蛋白质含量的减少。在前文表5-8中，我们分析了降尘冬小麦籽粒中的蛋白质含量，低于非降尘正常条件下的冬小麦，与现在的分析结果是一致的。

不同生长发育时期，冬小麦体内的氨基酸数量是变化的[12]。氨基酸数量的变化与各氨基酸生物合成的自我调控有关。目前有两种方式调控[13]：一种是反馈抑制效应，也叫别构效应，主要是通过最终产物的量（各氨基酸的数量）反馈抑制第一个反应，从而达到对氨基酸合成速度的有效控制；另一种是阻碍氨基酸合成过程中酶的合成速度，从而达到抑制氨基酸的合成。当然，每种氨基酸都有自己的合成途径，因而，反馈和阻遏作用的机制十分复杂。

蛋白质的种类众多，不同的蛋白质，其氨基酸的组成和含量是不同的，因此，小麦体内氨基酸组成和含量的变化就意味着蛋白质种类的变化。每一种蛋白质都有自己特定的功能，当外界环境变化时，生物体会自我调节，通过氨基酸组成和数量的变化，调控蛋白质的类型，以抵抗或适应外界环境的变化。已有的研究资料表明，生物体感病后在相应的组织中会产生游离氨基酸含量的变化[14, 15]。

许多研究都已证明，在外界环境胁迫条件下，植株内的某些特定的氨基酸会大量积累；而且不同的环境条件下，如海拔、光照等，氨基酸的种类是不同的。

在浮尘的研究中，也有类似情况。如图5-8所示，在降尘条件下，植株体内赖氨酸、精氨酸和苏氨酸的含量都有所升高，这是否是冬小麦对浮尘天气条件的应激反应，值得进一步研究。

表5-10 浮尘对冬小麦叶片脯氨酸含量和相对电导率的影响

Table 5-10 Effect of dust-fall on proline content and relative conductivity in winter wheat leaves

处理	重复	拔节期 脯氨酸	盛花期 脯氨酸	拔节期 相对电导率	盛花期 相对电导率
		g/kg	g/kg	%	%
无尘	1	57.3	144.8	7.41	3.34
	2	58.2	125.3	10.43	4.15
	3	58.0	98.0	6.61	4.30
	平均	57.8	122.7	8.15	3.93
有尘	1	85.4	106.1	13.56	4.20
	2	71.9	129.3	14.03	5.60
	3	82.2	118.6	11.77	5.47
	平均	79.8	118.0	13.12	5.09
T,df		-5.39,4	0.31,4	-3.68,4	-2.16,4
Sig.(P)	独立	0.006	0.772	0.021	0.097

已有大量研究证明，胁迫条件下植物细胞中脯氨酸可积累，因此有人建议把细胞内脯氨酸浓度作为植物抗逆性的一个重要生理指标。发生浮尘天气对生长的冬小麦来说，也是一种环境胁迫。浮尘天气导致气温下降，空气湿度降低，太阳有效辐射量大大减小；不仅如此，太阳光在穿越浮尘时，多次反射、衍射，光谱的性质发生改变；此外，附着在叶片表面的降尘，阻碍气体的正常交换和叶片内叶绿素对光量子的吸收。在这些综合条件的影响下，冬小麦体内必然会产生一定的应激反应。表5-10是冬小麦在不同生育期对降尘反应的模拟试验。表5-10显示，在降尘条件下，在拔节期，冬小麦叶片内脯氨酸的含量和相对电导率都是增加的，如，在降尘条件下和非降尘条件下，在拔节期冬小麦脯氨酸的平均含量分别为79.8 g/kg和57.8 g/kg，降尘条件下冬小麦比非降尘条件下冬小麦多22 g/kg；相对电导率分别为13.12%和8.15%，降尘条件下冬小麦比非降尘条件下冬小麦多

4.97个百分点。经统计学方差检验，两者的脯氨酸差异达到了极显著水平，相对电导率的差异超过了显著水平，接近极显著水平。说明在冬小麦拔节期，浮尘对冬小麦叶片内脯氨酸的含量和相对电导率有显著影响。在盛花期，降尘条件下和非降尘条件下比较，冬小麦叶片内脯氨酸的平均含量分别为118.0 g/kg和122.7 g/kg，降尘条件下冬小麦叶片反而降低了4.7 g/kg；对于相对电导率，仍然是降尘条件下冬小麦高于非降尘条件下冬小麦，分别为5.09%和3.93%。经统计学t检验，在盛花期，无论是脯氨酸含量，还是相对电导率，降尘条件下冬小麦与非降尘条件下冬小麦之间的差异，均未达到显著程度。这说明在盛花期，降尘对冬小麦叶片中的脯氨酸含量和相对电导率没有显著影响。

前面已经讨论过，浮尘对冬小麦影响的最敏感时期是3月至4月，对应的冬小麦发育期为分蘖后期至孕穗期，该时期幼穗分化处于穗轴分化期至四分体形成期，而对扬花以后的灌浆没有明显影响。

由表5-10的分析可以看出，浮尘对拔节期的冬小麦生长发育有影响。拔节期冬小麦的幼穗分化处在雌雄蕊原基形成期，这时对外界环境的变化十分敏感，因此，浮尘发生的时候，冬小麦为应对浮尘灾害的威胁，相应地产生了更多的脯氨酸。脯氨酸数量的增加，意味着冬小麦受到了浮尘的伤害。可以初步推断，冬小麦被伤害得越重，叶片内产生的脯氨酸的量就越多。脯氨酸是水溶性的，解离后形成带羧基的离子；脯氨酸数量的增加，提高了细胞内溶质和电解质的浓度，不仅改变了细胞的渗透性，而且增加了细胞液的导电性。从表5-10可以看出，无论是拔节期，还是盛花期，冬小麦叶片细胞液的电导率都是增加的，说明电解质浓度增加。只是在盛花期增加得不显著，未达到显著水平。

过去认为，在干旱、盐碱、热、冷、冻等胁迫条件下，植物体内脯氨酸的含量会增加，用以调节细胞质的渗透性，降低细胞酸性、解除氨毒以及调节细胞氧化还原势等。看来，脯氨酸在抵抗浮尘天气方面，仍然有作用。当然，浮尘本身含有大量的可溶性盐，也能够增加细胞电解质的浓度，提高细胞的导电率。不管哪种方式，在浮尘条件下，细胞相对导电率会增加，应该是肯定的。

必须指出，不能认为冬小麦在开花期对降尘不敏感，体内的脯氨酸含量未发生明显变化，相对电导率未明显增加，就因此得到结论——其他作物花期也不会受到降尘的危害。诚然，冬小麦是自花授粉作物，通常情况下，内外颖（护颖）加上内外稃紧紧地将小花和雌雄蕊包住，避免了降尘的侵入。事实上，许多异花作物或常异花作物在花期对降尘的发生是非常敏感的，特别是新疆的一些果树，开花时发生降尘，往往造成产量的大幅下降。

表5-11　浮尘对冬小麦植株中可溶性糖和淀粉含量的影响

Table 5-11　Effect of dust-fall on starch content and soluble sugar in winter wheat plants

处理	重复	拔节期			开花期		
		茎淀粉	叶淀粉	叶糖	茎淀粉	叶淀粉	叶糖
		g/kg	g/kg	g/kg	g/kg	g/kg	g/kg
无尘	1	71.2	58.9	81.7	44.2	36.0	132.4
	2	61.2	46.9	86.5	63.0	35.1	101.9
	3	52.8	42.1	90.9	70.2	34.2	98.7
	平均	61.73	49.3	86.37	59.13	35.1	111.0
有尘	1	79.9	38.4	86.9	79.5	36.4	95.1
	2	69.1	25.6	96.5	83.6	36.2	121.3
	3	72.0	—	91.7	82.8	33.9	129.1
	平均	73.67	32.0	91.7	81.97	35.5	115.17
T，df	独立	-1.918，4	2.157，3	-1.839，4	-2.908，4	-0.419，4	-0.28，4
Sig.(P)		0.128	0.12	0.237	0.044	0.697	0.793

淀粉是光合作用的最终产物，也是小麦籽粒的主要储藏物质；可溶性的糖是光合作用的初级产物，同时也是碳水化合物转运的主要形式。叶片是光合作用的主要场所。表5-11是在有尘和无尘条件下，在不同生育期，冬小麦茎叶中淀粉和可溶性糖含量的状况。表5-11显示，在拔节期的冬小麦茎叶中，无论是淀粉，还是可溶性糖，在降尘和非降尘条件下，均无明显的差异。

说明在拔节期，浮尘对茎叶中淀粉和可溶性糖含量的影响不显著。在开花期，叶片中的淀粉和糖在有尘和无尘条件下也无明显差异，但茎秆中淀粉含量却有明显差异，如表5-11所示，在降尘和非降尘条件下分别为81.97 g/kg和59.13 g/kg，两者之间相差22.84 g/kg。这说明，在降尘条件下，茎中的淀粉转移受到了影响。在无尘的正常情况下，小麦茎叶通过光合作用，形成初级产物，然后转移至籽粒当中。但在逆境条件下（如降尘），初级光合产物的运输受阻，只能就地合成为淀粉作为储藏物质。图5-11显示，在降尘条件下，冬小麦茎叶中总碳的含量升高，也从另一个侧面，证明了这种判断。

我们知道，纤维素和木质素是细胞壁的结构物质，单宁是次生的代谢产物。图5-11显示，在降尘条件下，冬小麦茎叶中纤维素和木质素的含量降低，单宁略有升高。纤维素和木质素的减少，意味着细胞壁的强度降低，冬小麦抗倒伏能力下降。确实，我们在实地调查中发现，在降尘严重的地区，小麦容易倒伏。在浮尘天气条件下，体内单宁增多是对不利环境胁迫的反应。单宁具有提高小麦的免疫力、增强抵抗脱水的能力、防腐、防止动物伤害等作用。当小麦被降尘危害时，身体的机能减弱，抵抗力大大下降，这时，多量的单宁有助于小麦提高对逆境的抵抗力。

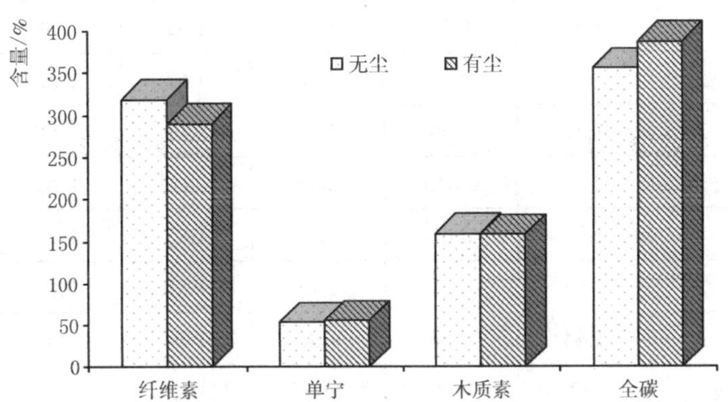

图5-11　不同处理冬小麦植株中纤维素、单宁、木质素、全碳含量

Fig. 5-11　The content of cellulose，tannin，lignin and total carbon in winter wheat plants under various treatments

3.4　浮尘对冬小麦生理生化的影响

为了进一步验证在降尘条件下，冬小麦体内与光合作用有关特性的变化，我们测定了在拔节期和开花期冬小麦叶片中叶绿素含量的变化，测定结果见表5-12。表5-12显示，虽然在拔节期和开花期，冬小麦叶片中的叶绿素含量有差异，但经过统计学方差检验后，均未达到显著程度，说明降尘对叶片中叶绿素的含量无明显影响。

叶绿素的形成是需要经过一段时间的，一旦形成，即使突然遭遇浮尘天气，很难迅速做出反应。需要特别指出的是，叶绿素没有发生明显变化，并不能说明降尘对光合作用的有机物合成过程没有影响，只能说明通过其他途径或机制影响光合作用。

冬小麦在降尘条件下会产生代谢失调，并同时产生一些有害代谢产物，如H_2O_2、自由基、丙二醛（Malondialdehyde，MDA）等。

丙二醛是自由基与脂质类物质发生过氧化反应所产生的有毒物质，它能够破坏呼吸链，影响主要呼吸酶（各种脱氢酶）的活性，同时引起蛋白质、核酸等大分子化合物的聚合。因此，对呼吸作用有很大影响。

表5-12 浮尘对冬小麦叶绿素含量的影响

Table 5-12 Effect of dust-fall on chlorophyll contents in winter wheat leaves

处理		拔节期			开花期		
		叶绿素a	叶绿素b	总叶绿素	叶绿素a	叶绿素b	总叶绿素
		mg/g	mg/g	mg/g	mg/g	mg/g	mg/g
无尘	1	1.37	0.54	1.91	1.91	0.68	2.59
	2	1.35	0.65	2.00	1.67	0.50	2.18
	3	1.47	0.65	2.12	2.11	0.68	2.80
	平均	1.397	0.613	2.01	1.897	0.62	2.523
有尘	1	1.39	0.66	2.06	1.85	0.64	2.49
	2	1.45	0.68	2.13	1.81	0.65	2.47
	3	1.44	0.54	1.98	1.89	0.69	2.59
	平均	1.427	0.627	2.057	1.85	0.66	2.517
T，df	独立	−0.723，4	−0.234，4	−0.625，4	0.361，4	−0.646，4	0.036，4
Sig.(P)		0.510	0.827	0.566	0.736	0.553	0.973

自由基是在代谢过程中失去一个电子后剩下奇数电子的原子、原子团、分子和离子。目前，最受关注的是氧自由基。自由基的氧化性极强，非常不稳定，能从植物组织细胞的分子中夺取一个电子配对，还原为氧；细胞分子失去一个电子后也变为自由基，又去抢夺细胞膜或细胞核分子中的电子，使它们转化为新的自由基。在这系列的连锁反应中，引起细胞膜脂质类物质的过氧化，破坏了膜的结构和功能。不仅如此，它还能引起蛋白质变性，使植物体内多种酶失去活性。此外，它还能破坏核酸结构和导致代谢失调等。

如表5-13所示，在拔节期，在有尘和无尘的叶片中，丙二醛（MDA）的平均含量分别是3.85 nmol/mL和2.95 nmol/mL，降尘条件下多0.9 nmol/mL，差异达到了显著水平；在开花期，两者的平均含量分别是10.83 nmol/mL和8.633 nmol/mL，有尘叶片多2.197 nmol/mL，差异也达到了显著程度。说明无论是拔节期还是开花期，冬小麦叶片中均含有较多的丙二醛（MDA）。由此可以认为，在降尘条件下，在拔节期和开花期，冬小麦受到了伤害。虽然我们没有连续在各生育期对冬小麦叶片内的MDA进行测定，但是还是可以初步判断，在降尘条件下，从分蘖期到拔节期到孕穗期到开花期，都会引起冬小麦叶片内的MDA明显升高，对冬小麦机体产生伤害。为消除降尘胁迫条件下因代谢失调而产生的有害产物，小麦体内会相应产生一些酶。由这些物质的量，我们了解浮尘对冬小麦的伤害程度。

表5-13　浮尘对冬小麦叶保护酶系统的影响

Table 5-13　Effect of dust-fall on the protective enzymes in winter wheat leaves

处理	重复	拔节期				开花期			
		CAT	SOD	MDA	POD	CAT	SOD	MDA	POD
		U/mL	U/mL	nmol/mL	△OD470 nm/(g·min)	U/mL	U/mL	nmol/mL	△OD470 nm/(g· min)
无尘	1	6.55	50.41	3.02	2.67	4.29	38.71	9.46	2.27
	2	7.45	46.66	3.02	2.15	4.52	38.47	7.60	2.21
	3	6.10	48.37	2.81	2.31	4.74	39.10	8.84	2.51
	平均	6.70	48.48	2.95	2.377	4.517	38.76	8.633	2.33
有尘	1	5.42	44.75	4.22	3.07	4.07	35.97	10.39	1.89
	2	4.74	44.88	3.27	2.79	4.29	36.68	11.47	1.79
	3	4.29	44.68	4.07	2.58	3.61	38.16	10.62	1.89
	平均	4.817	44.77	3.85	2.813	3.99	36.64	10.83	1.857
T,df	独立	3.656,4	3.42,4	−2.98,4	−2.09,4	2.21,4	2.72,4	−3.44,4	4.85,
Sig.(P)		0.022	0.027	0.041	0.105	0.092	0.053	0.026	0.008

超氧化物歧化酶，又称奥谷蛋白（Superoxide Dismutase，SOD）是一种能够消除有害代谢产物的生理活性蛋白质，是一种抗氧化剂，能阻断和修复受损的细胞，能够清除植物体内的自由基，特别是氧自由基，将其氧化为过氧化氢。过氧化氢是一种代谢过程中产生的废物，能对机体造成损害。不过过氧化氢会很快被过氧化氢酶分解为水。

过氧化物酶（Peroxidase，POD）是以过氧化氢为电子受体催化底物氧化的一类氧化还原酶。它可催化过氧化氢将酚类和胺类氧化，解除了酚类、胺类和过氧化氢的毒性。它与呼吸作用和光合作用有密切关系。

过氧化氢酶（Catalase，CAT）存在于细胞的叶绿体、线粒体、内质网中，特别是集中存在于过氧化物酶体内，是一种催化过氧化氢分解成氧和水的酶类清除剂，清除体内的过氧化氢，从而使细胞免于遭受H_2O_2的毒害。因此，它具有抗氧化作用。

由此可见，这三种酶共同组成了一个完整的除自由基、防氧化的链条。

由表5-13可以看出，在降尘条件下，在拔节期，冬小麦叶片中过氧化氢酶（CAT）和超氧化物歧化酶（SOD）因被消耗，均显著降低，经统计学t检验，减少的量达到了显著程度，说明这两种酶的活性均降低。由此不难看出，降尘对冬小麦确实造成了伤害。

注释

[1] Duce R A. Long-range at mospheric transport of soil dust from Asia to the Tropical North pacific: Temporal valibility[J]. Science, 1980, 209: 1522-1524.

[2] Arao K, Ishizaka Y. Volume and mass of yellow sand dust in the over Japan as estimated from atmospheric turbidity[J]. J Meteor Soc Japan, 1986, 64: 79-94.

[3] Inoue K. Influence of tropospheric aeolian dust on chemical components of rainwater in the midlatitude region of East Asia[J]. Japanese Journal of Soil Science and Plant Nutrition, 1994, 65(6): 619-628.

[4] Inoue K, Naruse T. Accumulation of Asian long-range eolian dust in Japan and Korea from the Late pleistocene to the Holocene[J]. Catena Supplement, Jn Loess: geomorphological hazards and process, 1991, 20: 25-42.

[5] 国松孝男. 大气降下物によるチッン、リンの供给とその变动 [J]. 环境技术，1994，23 (12)：6-9.

[6] 赵靓. 机动车尾气污染及其排减措施 [J]. 环境科学与管理，2008，33，(5)：87-88：107.

[7] 张志红，杨文敏. 汽油车排出颗粒物的化学组分分析 [J]. 中国公共卫生，2001，17 (7)：623-624.

[8] Rueyan D, Suemin C, Yuchin H, et al. Preparation of highly ordered titanium dioxide porous films: Characterization and photocatalytic activity [J]. Separation and Purification Technology, 2007, 58(1): 192-199.

[9] 梁宝生，周原. 不同类型机动车尾气挥发性有机化合物排放特征研究 [J]. 中国环境监测，2005，21 (1)：8-11.

[10] 王月福，于振文，李尚霞，等. 不同施肥水平对不同品种小麦籽粒蛋白质和地上器官游离氨基酸含量的影响 [J]. 西北植物学报，2003，23 (3)：417-421.

[11] 赵辉，戴廷波，荆奇，等. 灌浆期温度对两种类型小麦籽粒蛋白质组分及植株氨基酸含量的影响 [J]. 作物学报，2005，31 (11)：1466-1472.

[12] 张军，许轲，张洪程，等. 稻麦套种对小麦花后地上部游离氨基酸含量及籽粒品质的影响 [J]. 麦类作物学报，2006，26 (2)：109-112.

[13] 沈同，王镜岩，赵邦悌. 生物化学 [M]. 上海：人民教育出版社，1980.

[14] Hwang B K. Agerate of growth, carbohydrate and amino acid contents of spring barley to their resistance to powdery mildew[J]. Physiol Plant Pathol, 1983(3): 1-14.

[15] 吕金殿，甘莉，牛淑贞. 抗枯萎病棉花品种氨基酸分析 [J]. 植物病理学报，1981 (3)：61-64.

参考文献

[1] World Health Organization and Convention Task Force on the Health Aspects of Air Pollution(Frank Theakston.). Health risks of particulate matter from long-range transboundary air pollution[R]. DK-2100 Copenhagen, Denmark, 2006.

[2] Analitis A, Katsouyanni K, Dimakopoulou K, et al. Short-term effects of ambient particles on cardiovascular and respiratory mortality [J]. Epidemiology, 2006, 17: 230-233.

[3] Annesi-Maesano I, Forastiere F, Kunzli N, et al. Particulate matter, science and EU policy[J]. Eur Respir J, 2007, 29: 428-431.

[4] Lmakra T. Long-range transport of PM_{10}, Part1 [J]. Acta Climatologica Et Chorologica Universitatis Szegediensis, Tomus, 2009, 42/43: 97-106.

[5] Kuvarega A T. Ambiental dust speciation and metal content variation in TSP, PM_{10} and $PM_{2.5}$ in urban atmospheric air of Harare (Zimbabwe) [J]. Environ Monit Assess, 2008, 144(3): 1-14.

[6] Korcz M, Fudala J, Klis C. Estimation of Wind Blown Dust Emissions in Europe and its Vicinity[J]. Atmospheric Environment, 2009, 43(7): 1410-1420.

[7] Dale W, Griffi N, Christina A, et al. Dust in the wind: Long range transport of dust in the atmosphere and its implications for global public and ecosystem health [J]. Global change & Human Health, 2001, (1): 20-33.

[8] Cuesta J, Marsham J H, Parker D J, et al. Dynamical mechanisms controlling the vertical redistribution of dust and the thermodynamic structure of the West Saharan atmospheric boundary layer during summer [J]. Atmospheric science letters, 2009, 10 (1): 34-42.

[9] Christina A K, Dale W G, Virginia H G, et al. Characterization of Aerosolized Bacteria and Fungi from Desert Dust Events in Mali, West Africa [J]. Aerobiologia, 2004, 20: 99-110.

[10] Engelstaedter S, Washington R. Atmospheric controls on the annual cycle of North African dust [J]. Journal of Geophysical Research-Atmospheres, 2007, 112 (D3). D03103, doi: 10. 1029/2006JD007195.

[11] Tchayi G M. Temporal and spatial variations of the atmospheric dust loading throughout West Africa over the last thirty years[J]. Annales Geophysicae, 1994, 12, (2/3): 265-273.

[12] Moreno T, Querol X, Castillo S, et al. Geochemical variations in aeolian mineral particles from the Sahara-Sahel Dust Corridor[J]. Chemosphere, 2006, 65(2): 261-270.

[13] Pierre O, Mohamed B O M L, Sidi O M L, et al. Estimation of air quality degradation due to Saharan Dust at Nouakchott, Mauritania, from horizontal visibility data[J]. Water, Air, and Soil Pollution, 2006, 178: 79-87.

[14] Joseph M P, Ilhan O, Michael A. Al and Fe in $PM_{2.5}$ and PM_{10} Suspended Particles in South-Central Florida: The Impact of the Long Range Transport of African Mineral Dust[J]. Water, Air, and Soil Pollution, 2001(125): 291-317.

[15] Dale W G, Virginia H G, Jay R H, et al. African desert dust in the Caribbean atmosphere: Microbiology and public health[J]. Aerobiologia, 2001, 17: 203-213.

[16] Carlos B, Ana I M. Saharan Dust over Italy. Simulations with Regional Air Quality Model (BOLCHEM), NATO Science for Peace and Security Series C: Environmental Security, Air Pollution Modeling and Its Application XIX [M]. Springer Netherlands: 2008: 687-688.

[17] Jos-quereda S, Jorge O C, Enrique M C. Red dust rain within the spanish mediterranean area[J]. Climatic Change, 1996, 32: 215-228.

[18] Türkan Ö, Cemal S. Iron Speciation in Precipitation in the North-Eastern Mediterranean and Its Relationship with Sahara Dust [J]. Journal of Atmospheric Chemistry, 2001, 40: 41-76.

[19] Robert V, Bertrand B, Mian C, et al. On the contribution of natural Aeolian sources to particulatc matter concentrations in Europe: Testing hypotheses with a modeling approach[J]. Atmospheric Environment, 2005(39): 3291-3303.

[20] Seiji S, Masataka N, Nobuo S, et al. Impact of meteorological fields and surface conditions on Asian dust. Plant Responses to Air Pollution and Global Change [M]. Springer Japan, 2005: 271-276.

[21] Li-rong Y, Le-ping Y, Zhi-pei L. The influence of dry lakebeds, degraded

sandy grasslands and abandoned farmland in the arid inlands of northern China on the grain size distribution of East Asian aeolian dust[J]. Environ Geol, 2008, 53: 1767-1775.

[22] Yan C Z. Estimation of areas of sand and dust emission in the Hexi Corridor from a land cover database: an approach that combines remote sensing with GIS[J]. Environ Geol, 2009, 57: 707-713.

[23] Yang X P, Liu Y S, Li C Z, et al. Rare earth elements of aeolian deposits in Northern China and their implications for determining the provenance of dust storms in Beijing[J]. Geomorphology, 2007, 87(4): 365-377.

[24] Chun Y, Ju-Yeon L. The recent characteristics of Asian dust and haze events in Seoul, Korea[J]. Meteorol Atmos Phys, 2004, 87: 143-152.

[25] Lee S J, Park H, Choi S D, et al. Assessment of variations in atmospheric PCDD/Fs by Asian dust in southeastern Korea[J]. Atmospheric Environment, 2007, 41 (28): 5876-5886.

[26] Jin-Hong L, Jong-Myoung L, Ki-Hyun K. Instrumental neutron activation analysis of elemental compositions in particles collected during Asian dust period[J]. Journal of Radioanalytical and Nuclear Chemistry, 2005, 263(3): 667-673.

[27] Chung Y S. Atmospheric Loadings, Concentrations and Visibility Associated with Sandstorms: Satellite and Meteorological Analysis [J]. Water, Air, and Soil Pollution: Focus, 2003(3): 21-40.

[28] Fukuyama T, Fujiwara H. Contribution of Asian dust to atmospheric deposition of radioactive cesium (^{137}Cs) [J]. Science of the total environment, 2008, 405 (1-3): 389-395.

[29] Kisei K, Wang N, Zhang G, et al. Long-term Observation of Asian Dust in Changchun and Kagoshima[J]. Water, Air, and Soil Pollution: Focus, 2005(5): 89-100.

[30] Fujiwara H, Fukuyama T, Shirato Y, et al. Deposition of atmospheric ^{137}Cs in Japan associated with the Asian dust event of March 2002[J]. Science of the total environment, 2007, 384(1-3): 306-315 .

[31] Yasuhito I, Michio A, Katsumi H, et al. What Anthropogenic Radionuclides (^{90}Sr and ^{137}Cs) in Atmospheric Deposition, Surface Soils and Aeolian Dusts Suggest for Dust Transport over Japan[J]. Water, Air, and Soil Pollution: Focus, 2005(5): 51-69.

[32] Mikami M, Shi G Y, Uno I, et al. Aeolian dust experiment on climate impact:

An overview of Japan-China joint project ADEC [J]. Global and planetary change, 2006, 52(1-4): 142-172.

[33] Hartmann J, Kunimatsu T, Levy J K. The impact of Eurasian dust storms and anthropogenic emissions on atmospheric nutrient deposition rates in forested Japanese catchments and adjacent regional seas[J]. Global and Planetary Change, 2008, 61(3-4): 117-134 .

[34] Mitsuo U, Robert A D, Joseph M P. Deposition of Atmospheric Mineral Particles in the North Pacific Ocean[J]. Journal of Atmospheric Chemistry, 1985(3): 123-138.

[35] Kavouras I G, Etyemezian V, DuBois D W, et al. Source Reconciliation of Atmospheric Dust Causing Visibility Impairment in Class I Areas of the Western United States[J]. Journal of Geophysical Research-Atmospheres, 2009, 114, D02308, doi: 10. 1029/2008JD009923.

[36] Yiu-chung C, Grant M, John L, et al. Influence of the 23 October 2002 Dust Storm on the Air Quality of Four Australian Cities[J]. Water, Air, and Soil Pollution, 2005, 164: 329-348.

[37] Susan E T, Richard S B G, Keith M S, et al. Recognition and characterisation of the aeolian component in soils in the Girilambone Region, north western New South Wales, Australia[J]. Catena, 2007(69) : 122-133.

[38] Teresa M, Xavier Q, Sonia C, et al. Geochemical variations in aeolian mineral particles from the Sahara - Sahel Dust Corridor[J]. Chemosphere, 2006(65): 261-270.

[39] Dayan U, Ziv B, Shoob T, Enzel Y, et al. Suspended dust over southeastern Mediterranean and its relation to atmospheric circulations [J]. International Journal of Climatology, 2008, 28(7): 915-924.

[40] Golitsyn G S. Observation of boundary layer fine structure in arid regions[J]. Water, Air, and Soil Pollution: Focus, 2003, 3: 245-257.

[41] Visser S M. Wind erosion modelling in a Sahelian environment [J]. Environmental Modelling & Software, 2005(20): 69-84.

[42] Dirk G, Jens G. Similarities and dissimilarities between the dynamics of sand and dust during wind erosion of loamy sandy soil[J]. Catena, 2002(47): 269-289.

[43] Xue-Gong J, Jian-Guo S, Jing-Tao L, et al. Numerical simulation of synoptic condition on a severe sand dust storm[J]. Water, Air, and Soil Pollution: Focus, 2003 (3): 191-212.

[44] Iwasaka Y. Nature of atmospheric aerosols over the desert areas in the asian continent: chemical state and number concentration of particles measured at dunhuang, China[J]. Water, Air, and Soil Pollution: Focus, 2003, 3: 129–145.

[45] Xing M, Guo L J. The dust emission law in the wind erosion process on soil surface[J]. Science in China Series G: Physics Mechanics & Astronomy, 2009, 52, (2): 258–269.

[46] Kimura R, Bai L, Wang J M. Relationships among dust outbreaks, vegetation cover, and surface soil water content on the Loess Plateau of China, 1999–2000[J]. Catena, 2009, 77(3): 292–296 .

[47] Cheryl M N. Effect of temperature and humidity upon the entrainment of sedimentary particles by wind[J]. Boundary–Layer Meteorology, 2003, 108: 61–89.

[48] Song Y, Quan Z, Liu L, et al. The influence of different underlying surface on sand–dust storm in northern China[J]. Journal of Geographical Sciences, 2005, 15 (4): 431–438.

[49] Shulin L, Tao W, Guangting C, et al. Field investigation of surface sand and dust movement over different sandy grasslands in the Otindag Sandy Land China[J]. Environ Geol, 2008, 53: 1225–1233.

[50] Mei F, Rajot S. Validating a dust production model by field experiment in Mu Us Desert, China[J]. Chinese Science Bulletin, 2006, 51(7): 878–884.

[51] Elmore A J, Kaste J M, Okin G S, et al. Groundwater Influences on Atmospheric Dust Generation in Deserts[J]. Journal of Arid Environments, 2008, 79 (10): 1753–1765 .

[52] Lee E H, Sohn B J. Examining the impact of wind and surface vegetation on the Asian dust occurrence over three classified source regions[J]. Journal of geophysical research–atmospheres, 2009, 114, D06205, doi: 10. 1029/2008J. D010687.

[53] Reynolds R L, Reheis M, Yount J, et al. Composition of aeolian dust in natural traps on isolated surfaces of the central Mojave Desert – Insights to mixing, sources, and nutrient inputs[J]. Journal of arid environments, 2006, 66(1): 42–61.

[54] Goossens D. Aeolian deposition of dust over hills: the effect of dust grain size on the deposition pattern[J]. Earth Surface Processes and Landforms, 2006, 31 (6): 762–776.

[55] Brenig L. Air bone particles dynamics: towards a theoretical approach[J]. Environmental Modeling and Assessment, 2001 (6) : 1–5.

[56] Li X Y, Liu L Y, Gao S Y, et al. Aeolian dust accumulation by rock fragment substrata: influence of number and textural composition of pebble layers on dust accumulation[J]. Soil & tillage research, 2005, 84(2): 139-144.

[57] Goossens D. Relationships between horizontal transport flux and vertical deposition flux during dry deposition of atmospheric dust particles [J]. Journal of geophysical research-earth surface, 2008, 113 (F2): F02S13, doi: 10. 1029 / 2007JF000775.

[58] Kaaden N, Massling A, Schladitz A, et al. State of mixing, shape factor, number size distribution, and hygroscopic growth of the Saharan anthropogenic and mineral dust aerosol at Tinfou, Morocco [J]. Tellus series b: chemical and physical meteorology, 2009, 61(1): 51-63.

[59] Pelig-ba K B. Elemental contamination of rainwater by airborne dust in tamale township area of the northern region of Ghana[J]. Environmental Geochemistry and Health, 2001, 23: 333-346.

[60] Offer Z Y. Temporal variations of airborne particle concentration in an arid region[J]. Environ Monit Assess, 2008, 146: 285-293.

[61] Gomez E T. Evolution, Sources and Distribution of Mineral Particles and Amorphous Phase of Atmospheric Aerosol in an Industrial and Mediterranean Coastal Area[J]. Water, Air, and Soil Pollution, 2005(167): 311-330.

[62] Luciano M, Elena B, Ivano V, et al. Chemical composition of wet and dry atmospheric depositions in an urban environment: local, regional and long-range influences[J]. J Atmos Chem, 2008, 59: 151-170.

[63] Rogora M. An overview of atmospheric deposition chemistry over the Alps: present status and long-term trends[J]. Hydrobiologia, 2006(562): 17-40.

[64] Anne T, Maria S, Peter W. Atmospheric deposition on swiss long-term forest ecosystem research (lwf) plots [J]. Environmental Monitoring and Assessment, 2005 (104): 81-118.

[65] Wright John W. The New York Times Almanac [M]. 2007 ed. New York: Penguin Books, 2007: 456.

[66] Vanderstraeten Y L, Meurrens D. Temporal variations of airborne particles concentration in the Brussels environment[J]. Environ Monit Assess, 2007, 132: 253-262.

[67] Ozcan H K, Demir G, Nemlioglu S, et al. Heavy metal concentrations of

atmospheric ambient deposition dust in Istanbul-Bosphorus Bridge tollhouses [J]. Journal of residuals science & technology, 2007, 4(1): 55-59.

[68] Stefan N, Doris S. Trace element patterns and seasonal variability of dust precipitation in a lowpolluted city - the example of Karlsruhe / Germany [J]. Environmental Monitoring and Assessment, 2004, 93: 203-228.

[69] Dimitrios S, Andreas G, Nestoras K. Impact of Free Calcium Oxide Content of Fly Ash on Dust and Sulfur Dioxide Emissions in a Lignite-Fired Power Plant[J]. Air & Waste Manage Assoc, 2005, 55: 1042-1049.

[70] Francis D, Hélène R, Hervé F, et al. Investigation of Heavy Metal Concentrations on Urban Soils, Dust and Vegetables nearby a Former Smelter Site in Mortagne du Nord, Northern France[J] . J Soils Sediments, 2007, 7(3)143-146.

[71] Teresa M, Anthony O, Iain M, et al. Preferential Fractionation of Trace Metals-Metalloids into PM_{10} Resuspended from Contaminated Gold Mine Tailings at Rodalquilar, Spain[J]. Water, Air, and Soil Pollution, 2007, 179: 93-105.

[72] Hladil J, Strnad L, Salek M, et al. An anomalous atmospheric dust deposition event over Central Europe, 24 March 2007, and fingerprinting of the SE Ukrainian source[J]. Bulletin of geosciences, 2008, 83(2): 175-206.

[73] Tondera A, Jablonska M, Janeczek J. Mineral composition of atmospheric dust in Biebrza National Park, Poland[J]. Polish journal of environmental studies, 2007, 16 (3): 453-458.

[74] Manisha T, Manas K D. Lead levels in the airborne dust particulates of an urban city of central india [J]. Environmental Monitoring and Assessment, 2000, 62: 305-316.

[75] Bhagia L J. Non-occupational exposure to silica dust in vicinity of slate pencil industry, India[J]. Environ Monit Assess, 2009, 151: 477-482.

[76] Manisha T, Manas K. Load of heavy metals in the airborne dust particulates of an urban city of central india[J]. Environmental Monitoring and Assessment, 2004, 95: 257-268.

[77] Faruque A, Hawa B, Hiroaki I. Environmental assessment of Dhaka City (Bangladesh) based on trace metal contents in road dusts[J]. Environ Geol, 2007, 51: 975-985.

[78] Nasr Yo M J O. Levels and distributions of organic source tracers in air and roadside dust particles of Kuala Lumpur, Malaysia[J]. Environ Geol, 2007, 52: 1485-

1500.

[79] Abdul S, Darryl H. Distribution of vehicular lead in roadside soils of major roads of Brisbane, Australia[J]. Water, Air, and Soil Pollution, 2000, 118: 299–310.

[80] Feng Q. Dust storms in China: a case study of dust storm variation and dust characteristics[J]. Bull Eng Geol Env, 2002, 61: 253–261.

[81] Yamada M. Feature of Dust Particles in the Spring Free Troposphere over Dunhuang in Northwestern China: Electron Microscopic Experiments on Individual Particles Collected with a Balloon–Borne Impactor[J]. Water, Air, and Soil Pollution: Focus, 2005(5): 231–250.

[82] Hoffmann C, Funk R, Sommer M, et al. Temporal Variations in PM_{10} and Particle Size Distribution During Asian Dust Storms in Inner Mongolia[J]. Atmospheric Environment, 2008, 42(36): 8422–8431.

[83] Chun–xing H, Chun–shin Y, Guang–tong L, et al. Research on the Components of Dust Fall in Hohhot in Comparison with Surface Soil Components in Different Lands of Inner Mongolia Plateau[J]. Water, Air, and Soil Pollution, 2008, 190: 27–34.

[84] Xie S, Zhang Y, Qi L. Characteristics of Air Pollution in Beijing during Sand–dust Storm Periods[J]. Water, Air, and Soil Pollution: Focus, 2005, 5: 217–229.

[85] Han L H, Zhuang G S, Cheng S Y, et al. Characteristics of re–suspended road dust and its impact on the atmospheric environment in Beijing [J]. Atmospheric Environment, 2007 , 41(35): 7485–7499.

[86] Li W J, Shao L Y. Observation of nitrate coatings on atmospheric mineral dust particles[J]. Atmospheric chemistry and physics, 2009, 9(6): 1863–1871.

[87] Yang M, Howell S G, Zhuang J, et al. Attribution of aerosol light absorption to black carbon, brown carbon, and dust in China – interpretations of atmospheric measurements during EAST–AIRE [J]. Atmospheric chemistry and physics, 2009, 9 (6): 2035–2050.

[88] De–Gao W, Meng Y, Hong–Liang J, et al. Polycyclic Aromatic Hydrocarbons in Urban Street Dust and Surface Soil: Comparisons of Concentration, Profile, and Source [J]. Arch Environ Contam Toxicol, 2009(56): 173–180.

[89] Ganzei L A. Composition of Sand Storm Particles in the Southern Far East [J]. Lithology and Mineral Resources, 2006, 41, (3): 215–221.

[90] Andreas K, Jean–Nicolas A, Henry–Noël M. Facing Hazardous Matter in

Atmospheric Particles with NanoSIMS[J]. Env Sci Pollut Res, 2007, 14 (1): 3 -4.

[91] Gibson E R, Gierlus K M, Hudson P K, et al. Generation of internally mixed insoluble and soluble aerosol particles to investigate the impact of atmospheric aging and heterogeneous processing on the CCN activity of mineral dust aerosol[J]. Aerosol science and technology, 2007, 41(10): 914-924.

[92] Glenn D, Myron P G. Blowin' down the road: Investigating bilateral causality between dust storms and population in the Great Plains[J]. Population Research and Policy Review, 2003(22): 297-331.

[93] Christina H, Si-Chee T. Impact of Saharan Dust on Tropical Cyclogenesis. Nucleation and Atmospheric Aerosols[M]. Netherlands: Springer, 2008: 501-502.

[94] Yoshioka M, Mahowald N M, Conley A J, et al. Impact of desert dust radiative forcing on Sahel precipitation: Relative importance of dust compared to sea surface temperature variations, vegetation changes, and greenhouse gas warming[J]. Journal of climate, 2007, 20(8): 1445-1467.

[95] Mannava V K S, Raymond P M, Haripada P D. Impacts of Sand Storms/Dust Storms on Agriculture(Impacts and Mitigation). Natural Disasters and Extreme Events in Agriculture[M]. Berlin, Heidelberg: Springer, 2005: 159-177.

[96] Liu M, Wei W. The possible pivotal role of the eastward dust transport from Central Asia in the global temperature decrease[J]. Chinese Science Bulletin, 2006, 51 (I): 1-7.

[97] Satheesh S K, Dutt C B S, Srinivasan J, et al. Atmospheric warming due to dust absorption over Afro-Asian regions[J]. Geophysical research letters, 2007, 34(4): L04805, doi: 10. 1029/2006GL028623.

[98] Otto S, de Reus M, Trautmann T, et al. Atmospheric radiative effects of an *in situ* measured Saharan dust plume and the role of large particles [J]. Atmospheric chemistry and physics, 2007, 7(18): 4887-4903.

[99] Elvira P, Isabel R, Rafael M. Evidence of an atmospheric forcing on bacterioplankton and phytoplankton dynamics in a high mountain lake[J]. Aquat Sci, 2008(70) : 1-9.

[100] Biegalski S R. Correlations between atmospheric aerosol trace element concentrations and red tide at Port Aransas, Texas, on the Gulf of Mexico[J]. Journal of Radioanalytical and Nuclear Chemistry, 2005, 263(3): 767-772.

[101] Kelsy A A, John A D. Dry and wet atmospheric deposition of nitrogen,

phosphorus and silicon in an agricultural region[J]. Water, Air, and Soil Pollution, 2006 (176): 351–374.

[102] Seigen T, Masahito S, Yunosuke H, et. al. Atmospheric phosphorus deposition in Ashiu, Central Japan – source apportionment for the estimation of true input to a terrestrial ecosystem[J]. Biogeochemistry, 2006(77): 117–138.

[103] Reynolds R, Neff J, Reheis M. Atmospheric dust in modern soil on aeolian sandstone, Colorado Plateau (USA): Variation with landscape position and contribution to potential plant nutrients[J]. Geoderma, 2006, 150(1–2): 108–123.

[104] Richard R, Jayne B, Marith R, et al. Aeolian dust in Colorado Plateau soils: Nutrient inputs and recent change in source[J]. PNAS, 2001, 98(13): 7123–7127.

[105] Todd R W, Guo W X, Stewart B A. Vegetation, phosphorus, and dust gradients downwind from a cattle feed yard [J]. Journal of range management, 2004, 57 (3): 291–299.

[106] Füsun G, Esin E. The effects of heavy metal pollution on enzyme activities and basal soil respiration of roadside soils [J]. Environ Monit Assess, 2008, 145: 127–133.

[107] Cortizas A M, Mighall T, Pombal X P, et al. Linking changes in atmospheric dust deposition, vegetation change and human activities in northwest Spain during the last 5300 years[J]. Holocene, 2005, 15(5): 698–706.

[108] Zheng Z, Cour P, Huang C X, et al. Dust pollen distribution on a continental scale and its relation to present–day vegetation along north–south transects in east China [J]. Science in China series d: earth sciences, 2007, 50(2): 236–246.

[109] Abdel–Mohsen O. Mohamed and Kareem Mohamed El Bassouni, Externalities of Fugitive Dust[J]. Environ Monit Assess, 2007, 130: 83–98.

[110] Andreas Kr, Jean–Nicolas A, Henry–Noël M. Facing Hazardous Matter in Atmospheric Particles with NanoSIMS[J]. Env Sci Pollut Res, 2007, 14(1): 3–4.

[111] Green D A, McAlpine G, Semple S, et al. Mineral dust exposure in young Indian adults: an effect on lung growth[J]. Occupational and environmental medicine, 2008, 65(5): 306–310.

[112] Gospodinka P, Pavlina G, Emil S, et al. Serum neopterin in workers exposed to inorganic dust containing free crystalline silicon dioxide[J]. Cent Eur J Med, 2009, 4 (1): 104–109.

[113] Charles S, Zender, Jorge T. Climate controls on valley fever incidence in

Kern County, California[J]. Int J Biometeorol, 2006, 50: 174–182.

[114] Joseph M P, Edmund B, Raana N, et al. Relationship between African dust carried in the Atlantic trade winds and surges in pediatric asthma attendances in the Caribbean[J]. Int J Biometeorol, 2008, 52: 823–832.

[115] Dale W G, Christina A K, Virginia H G, et al. Atmospheric microbiology in the northern Caribbean during African dust events [J]. Aerobiologia, 2003, 19: 143–157.

[116] Pnina S, Yaacov M, Isabella G. Transport of microorganisms to Israel during Saharan dust events[J]. Aerobiologia, 2006, 22: 259–273.

[117] Aisha A T. Air–borne fungi at Doha, Qatar[J]. Aerobiologia, 2002, 18: 175–183.

[118] Iwasaka Y. Mixture of Kosa (Asian dust) and bioaerosols detected in the atmosphere over the Kosa particles source regions with balloon–borne measurements: possibility of long–range transport[J]. Air Qual Atmos Health, 2009, 2: 29–38.

[119] Ngoc–Phuc H, Fumihisa K, Yasunobu I, et al. Detailed identification of desert–originated bacteria carried by Asian dust storms to Japan[J]. Aerobiologia, 2007, (23): 291–298.

[120] Marit A S, Wijnand E, Fredrik C S. Ochratoxin A in airborne dust and fungal conidia[J]. Mycopathologia, 2000, 151: 93–98.

[121] Coghlan A. DNA leaves its mark in household dust[J]. New scientist, 2008, 198(2658): 16.

[122] Lee Y H, Chen K, Adams P J. Development of a Global Model of Mineral Dust Aerosol Microphysics [J]. Atmospheric Chemistry and Physics, 2009, 9 (7): 2441–2458.

[123] Kim J, Jung C H, Choi B C, et al. Number size distribution of atmospheric aerosols during ACE–Asia dust and precipitation events[J]. Atmospheric environment, 2007, 41(23): 4841–4855.

[124] Shaw P. Application of aerosol speciation data as an in situ dust proxy for validation of the Dust Regional Atmospheric Model (DREAM) [J]. Atmospheric environment, 2008, 42(31): 7304–7309.

[125] Gregory J M. TEAM: integrated, process–based wind–erosion model [J]. Environmental Modelling & Software, 2004(19): 205–215.

[126] Lee J A, Gill T E, Mulligan K R, et al. Land Use/Land Cover and Point

Sources of the 15 December 2003 Dust Storm in Southwestern North America [J]. Geomorphology, 2009, 105(1-2): 18-27.

[127] Kavouras I G, Etyemezian V, DuBois D W. Development of a Geospatial Screening Tool to Identify Source Areas of Windblown Dust [J]. Environmental Modelling & Software, 2009, 24(8): 1003-1011.

[128] Yan C Z. Estimation of areas of sand and dust emission in the Hexi Corridor from a land cover database: an approach that combines remote sensing with GIS [J]. Environ Geol, 2009, 57: 707-713.

[129] Sanchez-Cabeza J A, Garcia-Talavera M, Costa E, et al. Regional calibration of erosion radiotracers (^{210}Pb and ^{137}Cs): atmospheric fluxes to soils (Northern Spain) [J]. Environmental Science & Technology, 2007, 41(4): 1324-1330.

[130] Osaki S. Mixing of atmospheric ^{210}Pb and ^{7}Be and ^{137}Cs and ^{90}Sr fission products in four characteristic soil types [J]. Journal of Radioanalytical and Nuclear Chemistry, 2007, 272(1): 135-140.

[131] Mingrui Q, Fahu C, Jiawu Z. Grain size in sediments from Lake Sugan: a possible linkage to dust storm events at the northern margin of the Qinghai-Tibetan Plateau[J]. Environ Geol, 2007(51): 1229-1238.

[132] Chen B, Kitagawa H, Jie D M. Dust transport from northeastern China inferred from carbon isotopes of atmospheric dust carbonate [J]. Atmospheric Environment, 2008, 42(19): 4790-4796.

[133] Xiaodong M, Joseph A M, William C J. High-resolution proxy record of Holocene climate from a loess section in Southwestern Nebraska USA [J]. Palaeogeography, Palaeoclimatology, Palaeoecology, 2007(245): 368-381.

[134] Rao W, Yang J, Chen J. Sr-Nd isotope geochemistry of eolian dust of the arid-semiarid areas in China: Implications for loess provenance and monsoon evolution [J]. Chinese Science Bulletin, 2006, 51(12): 1401-1412.

[135] Martinez T. Application of Lead Isotopic Ratios in Atmospheric Pollution Studies in the Valley of Mexico[J]. Journal of Atmospheric Chemistry, 2004(49): 415-424.

[136] Delmonte B. Dust size evidence for opposite regional atmospheric circulation changes over east Antarctica during the last climatic transition [J]. Climate Dynamics, 2004, 23: 427-438.

[137] Wu G, Yao T, Xu B. Grain size record of microparticles in the Muztagata ice

core[J]. Science in China, Series D: Earth Sciences, 2006, 49(1): 10–17.

[138] Hutterli M A. The influence of regional circulation patterns on wet and dry mineral dust and sea salt deposition over Greenland[J]. Clim Dyn, 2007(28): 635–647.

[139] Wang N. Decrease trend of dust event frequency over the past 200 years recorded in the Malan ice core from the northern Tibetan Plateau[J]. Chinese Science Bulletin, 2005, 50(24): 2866–2871.

[140]Yang Y, Li B, Qiu S, et al. Climatic Changes Indicated by Trace Elements in the Chagelebulu Stratigraphic Section, Badain Jaran Desert, China, since 150 kyr B. P [J]. Geochemistry International, 2008, 46(1): 96–103.

[141] Sapkota A, Cheburkin A K, Bonani G, et al. Six millennia of atmospheric dust deposition in southern South America (Isla Navarino, Chile) [J]. Holocene, 2007, 17(5): 561–572.

[142] Reynolds R L. Composition of aeolian dust in natural traps on isolated surfaces of the central Mojave Desert – Insights to mixing, sources, and nutrient inputs [J]. Journal of Arid Environments, 2006(66): 42–61.

[143]Larrasoana J C. Three million years of monsoon variability over the northern Sahara[J]. Climate Dynamics, 2003(21): 689–698.

[144] Wen L, Lu H, Qiang X. Changes in Grain–size and Sedimentation Rate of the Neogene Red Clay Deposits along the Chinese Loess Plateau and Implications for the Palaeowind System [J]. Science in China, Ser D: Earth Sciences, 2005, 48 (9): 1452–1462.

[145] Hema A, Amal K, Chris E. Late Quaternary–Holocene lake–level changes in the eastern margin of the Thar Desert[J]. India J Paleolimnol, 2007, 38: 493–507.

[146] Magiera T. Using of high–resolution topsoil magnetic screening for assessment of dust deposition: comparison of forest and arable soil datasets[J]. Environ Monit Assess, 2007, 125: 19–28.

[147] Richard R, Jason N, Marith R. Atmospheric dust in modern soil on aeolian sandstone, Colorado Plateau (USA): Variation with landscape position and contribution to potential plant nutrients[J]. Geoderma, 2006(130) : 108–123.

[148] Liu P, Jin C, Zhang S, et al. Magnetic fabric of early Quaternary loess–paleosols of Longdan Profile in Gansu Province and the reconstruction of the paleowind directions[J]. Chinese Science Bulletin, 2008, 53(9): 1450–1452.

[149] Foster I D L. Mineral magnetic signatures in a long core from Lake Qarun,

Middle Egypt[J]. J Paleolimnol, 2008, 40: 835-849.

[150] Augusto S. Atmospheric Dioxin and Furan Deposition in Relation to Land-Use and Other Pollutants: A Survey with Lichens[J]. Journal of Atmospheric Chemistry, 2004, 49: 53-65.

[151] Freitas M A. Use of Lichen Transplants in Atmospheric Deposition Studies [J]. Journal of Radioanalytical and Nuclear Chemistry, 2001, 249(2): 307-315.

[152] Ewan T. Dust-particle migration around flotation tailings ponds: pine needles as passive samplers[J]. Environ Monit Assess, 2008(5A): 2-7.

[153] Goossens D. Quantification of the dry aeolian deposition of dust on horizontal surfaces: an experimental comparison of theory and measurements [J]. Sedimentology, 2005, 52(4): 859-873 .

[154] Andreas K, Jean-Nicolas A, Henry-Noël M. Facing Hazardous Matter in Atmospheric Particles with NanoSIMS[J]. Env Sci Pollut Res, 2007, 14(1): 3-4.

[155] Gorka M, Jedrysek M O. Delta C-13 of organic atmospheric dust deposited in Wroclaw (SW Poland): critical remarks on the passive method [J]. Geological Quarterly, 2008, 113(2): 115-126.

[156] Yasui M, Zhou J X, Liu L C. Vertical profiles of aeolian dust in a desert atmosphere observed using lidar in Shapotou, China[J]. Journal of the meteorological society of Japan, 2005(83A): 149-171.

[157] Goossens D. Bias in grain size distribution of deposited atmospheric dust due to the collection of particles in sediment catchers[J]. Catena, 2007, 70(1): 16-24.

[158] Zheng H, Chen H, Cao J. Palaeoenvironmental implication of the Plio-Pleistocene loess deposits in southern Tarim Basin[J]. Chinese Science Bulletin, 2002, 47(8): 700-704.

[159] Wu G, Yao Tan D, Xu B, et al. Seasonal variations of dust record in the Muztagata ice cores[J]. Chinese Science Bulletin, 2008, 53(16): 2506-2512.

[160] Wei W, Zhou H, Shi Y, et al. Climatic and Environmental Changes in the Source Areas of Dust Storms in Xinjiang, China, during the Last 50 Years[J]. Water, Air, and Soil Pollution: Focus, 2005(5): 207-216.

[161] Nobumitsu T, Kenji K, Takuya M. The Influence of Synoptic-Scale Air Flow and Local Circulation on the Dust Layer Height in the North of the Taklimakan Desert [J]. Water, Air, and Soil Pollution: Focus, 2005, 5: 175-193.

[162] Osamu A, Wenshou W, Masao M, et al. Local Circulation with Aeolian Dust

on the Slopes and Foot Areas of the Tianshan and Kunlun Mountains around the Taklimakan Desert, China[J]. Water, Air, and Soil Pollution: Focus, 2005, 5: 3–13.

[163] Keir S, John S. Dust as a Nutrient Source for Fynbos Ecosystems, South Africa[J]. Ecosystems, 2007(10): 550–561.

[164] Kuki K N. The Simulated Effects of Iron Dust and Acidity during the Early Stages of Establishment of Two Coastal Plant Species[J]. Water, Air, and Soil Pollution, 2009, 196: 287–295.

[165] Henn P. Radial growth response of scots pine to climate under dust pollution in northeast Estonia[J]. Water, Air, and Soil Pollution, 2003(144): 343–361.

[166] Samuel E K. Trace metal concentration in roadside surface soil and tree back: a measurement of local atmospheric pollution in Abuja, Nigeria[J]. Environmental Monitoring and Assessment, 2003, 89: 233–242.

[167] Prusty B A K, Mishra P C, Azeez P A. Dust accumulation and leaf pigment content in vegetation near the national highway at Sambalpur, Orissa, India [J]. Ecotoxicology and environmental safety, 2005, 60(2): 228–235.

[168] Dongarra G, Sabatino G, Triscari M, et al. The effects of anthropogenic particulate emissions on roadway dust and Nerium oleander leaves in Messina (Sicily, Italy) [J]. Journal of environmental monitoring , 2003, 5(5): 766–773.

[169] Cao H. Air Pollution and Its Effects on Plants in China [J]. Journal of Applied Ecology, 1989, 26: 763–773.

[170] Eduardo G P, Marco A O, Kacilda N K, et al. Photosynthetic changes and oxidative stress caused by iron ore dust deposition in the tropical CAM tree Clusia hilariana[J]. Trees, 2009, 23: 277–285.

[171] Ishii S. Impact of ambient air pollution on locally grown rice cultivars (*Oryza satival L.*) in Malaysia[J]. Water, Air, and Soil Pollution, 2004, 154: 187–201.

[172] Kretinin V M, Selyanina Z M. Dust retention by tree and shrub leaves and its accumulation in light chestnut soils under forest shelterbelts [J]. Eurasian soil science, 2006, 39(3): 334–338.

[173] Kumar S S, Singh N A, Kumar V, et al. Impact of dust emission on plant vegetation in the vicinity of cement plant [J]. Environmental engineering and management journal, 2008, 7(1): 31–35.

[174] Branquinho C, Gaio–Oliveira G, Augusto S, et al. Biomonitoring spatial and temporal impact of atmospheric dust from a cement industry [J]. Environmental

pollution, 2008, 151(2): 292–299.

[175] Loppi S, Pirintsos S A. Effect of dust on epiphytic lichen vegetation in the Mediterranean area (Italy and Greece) [J]. Israel journal of plant sciences, 2000, 48 (2): 91–95.

[176] Hegazy A K. Effects of cement–kiln dust pollution on the vegetation and seed –bank species diversity in the eastern desert of Egypt [J]. Environmental conservation, 1996, 23(3): 249–258.

[177] Gale J, Easton J. The effect of limestone dust on vegetation in an area with a Mediterranean climate[J]. Environmental pollution, 1979, 19(2): 89–101.

[178] Nanos G D, Ilias I F. Effects of inert dust on olive (*Olea europaea L.*) leaf physiological parameters [J]. Environmental science and pollution research, 2007, 14 (3): 212–214.

[179] Malle M, Regino K, Jaak P. Assessment of growth and stemwood quality of Scots pine on territory influenced by alkaline industrial dust[J]. Environ Monit Assess, 2008, 138: 51–63.

[180] Malle M. Relationships between lignin and nutrients in picea abies l. under alkaline air pollution[J]. Water, Air, and Soil Pollution, 2002, 133: 361–377.

[181] Farmer A M. The effects of dust on vegetation – A review[J]. Environmental pollution, 1993, 79(1): 63–75.

[182] Lu S G, Zheng Y W, Bai S Q. A HRTEM/EDX approach to identification of the source of dust particles on urban tree leaves[J]. Atmospheric environment, 2008, 42 (26): 6431–6441.

[183] Hu S Y, Duan X M, Shen M J, et al. Magnetic response to atmospheric heavy metal pollution recorded by dust–loaded leaves in Shougang industrial area, western Beijing[J]. Chinese science bulletin, 2008, 53(10): 1555–1564.

[184] Davila A F, Rey D, Mohamed K, et al. Mapping the sources of urban dust in a coastal environment by measuring magnetic parameters of Platanus hispanica leaves [J]. Environmental science & technology, 2006, 40(12): 3922–3928.

[185] Gautam P, Blaha U, Appel E. Magnetic susceptibility of dust–loaded leaves as a proxy of traffic–related heavy metal pollution in Kathmandu city, Nepal [J]. Atmospheric environment, 2005, 39(12): 2201–2211.

[186] Hanesch M, Scholger R, Rey D. Mapping dust distribution around an industrial site by measuring magnetic parameters of tree leaves [J]. Atmospheric

environment, 2003, 37(36): 5125–5133.

[187] Francis D, Hélène R, Christelle P, et al. Impact of a smelter closedown on metal contents of wheat cultivated in the neighbourhood[J]. Env Sci Pollut Res, 2008, 15(2): 162–169.

[188] Singh K, Bharat R. Effect of cement dust treatment on some phylloplane fungi of wheat[J]. Water, Air, and Soil Pollution, 1990, 49: 349–354.

[189] Kavouras I G, Etyemezian V, Nikolich G, et al. A New Technique for Characterizing the Efficacy of Fugitive Dust Suppressants [J]. Journal of the Air & Waste Management Association, 2009, 59(5): 603–612.

[190]Chao W, Bo Z. Test of Chlorides Mixed with CaO, MgO, and Sodium Silicate for Dust Control and Soil Stabilization[J]. Journal of materials in civil engineering, 2007 (1): 10–14.

[191] Goodrich B A, Koski R D, Jacobi W R. Condition of Soils and Vegetation along Roads Treated with Magnesium Chloride for Dust Suppression[J]. Water, Air, and Soil Pollution, 2009, 198(1–4): 165–188.

[192] Duce R A. Long-range atmospheric transport of soil dust from Asia to the Tropical North pacific: Temporal Valibility[J]. Science, 1980, 209: 1522–1524.

[193] Arao K, Y. Volume and mass of yellow sand dust in the over Japan as estimated from atmospheric turbidity[J]. J. Meteor Soc Japan, 1986, 64: 79–94.

[194] Inoue K. Influence of tropospheric aeolian dust on chemical components of rainwater in the midlatitude region of East Asia[J]. Japanese Journal of Soil Science and plant Nutrition, 1994, 65(6): 619–628.

[195] Inoue K T. Accumulation of Asian long-range eolian dust in Japan and Korea from the late pleistocene to the Holocene [J]. Catena Supplement, Jn Loess: geomorphological hazards and process, 1991, 20: 25–42.

[196] Ruey-an D, Sue-min C, Yu-chin H. Preparation of highly ordered titanium dioxide porous films: Characterization and photocatalytic activity [J]. Separation and Purification Technology, 2007,58(1): 192–199.

[197] Hwang B K. Rate of growth, carbohydrate and amino acid contents of spring barley to their resistance to powdery mildew[J]. Physiol Plant pathol. 1983(3):1–14.

[198] 国松孝男.大气降下物によるチッソ、リンの供给とその变动 [J]. 环境技术, 1994, 23 (12): 6–9.

[199] 国家环境保护局《空气和废气监测分析方法》编写组.空气和废气监

测分析方法［M］. 北京：中国环境科学出版社，1990.

［200］张行峰. 实用农化分析［M］. 北京：化学工业出版社，2005.

［201］郝建军，康宗利，于洋. 植物生理学实验技术［M］. 北京：化学工业出版社，2007.

［202］张治安，陈展宇. 植物生理学实验技术［M］. 长春：吉林大学出版社，2008.

［203］张志良. 植物生理学实验指导［M］. 3版. 北京：高等教育出版社，2003.

［204］赵世杰，刘华山，董新纯，等，植物生理学实验指导［M］. 北京：中国农业科技出版社，1998.

［205］鲍士旦. 土壤农化分析［M］. 3版. 北京：中国农业出版社，2000.

［206］高祥宝，董寒青. 数据分析与SPSS应用［M］. 北京：清华大学出版社，2007.

［207］李江风. 新疆气候［M］. 北京：气象出版社，1991.

［208］甘肃省土壤普查办公室. 甘肃土壤［M］. 北京：农业出版社，1993.

［209］中国科学院内蒙古宁夏综合考察队. 内蒙古自治区及其东西部比邻地区天然草场（综合考察专辑）［M］. 北京：科学出版社，1980.

［210］青海省地方志编纂委员会. 青海省志——长江黄河澜沧江源志［M］. 郑州：黄河水利出版社，2000.

［211］樊自立. 新疆土地开发对生态与环境的影响及对策研究［M］. 北京：气象出版社，1996.

［212］徐德源，桑修诚. 新疆农业气候［M］. 乌鲁木齐:新疆人民出版社，1981.

［213］朱震达. 中国沙漠概论［M］. 北京：科学出版社，1980.

［214］徐德源. 新疆农业气候资源及区划［M］. 北京：气象出版社，1989.

［215］张霭琛. 现代气象观测［M］. 北京：北京大学出版社，2000.

［216］中国科学院内蒙宁夏综合考察队. 内蒙古自治区及其东西部比邻地区气候与农牧业的关系（综合考察专辑）［M］. 北京：科学出版社，1976.

［217］沈同，王镜岩，赵邦悌. 生物化学［M］. 上海：人民教育出版社，1980.

［218］王江山. 青海省生态环境监测系统［M］. 北京：气象出版社，2004.

［219］杨维荣，于岚. 环境化学［M］. 2版. 北京：高等教育出版社，1991，94-99.

［220］吴跃英. ICP-AES法测定花叶中钾、钙、镁、锌、铜、硼、硫、磷含量［J］. 现代仪器，2005，6：32-35.

［221］吕金殿，甘莉，牛淑贞. 抗枯萎病棉花品种氨基酸分析［J］. 植物病理学报，1981（3）：61-64.

［222］钱庆坤. 浅论沙尘暴、扬沙、浮尘的观测方法［J］. 山东气象，1998，18（4）：58.

［223］温泉波，邓金宪，刘玉英，等. 内蒙古大青山北麓黄土堆积的年代、粒度特征及古气候意义［J］. 世界地质，2003，22（4）：385-391.

［224］吴冬青，李彩霞，安红钢，等. FAAS法测定芦荟果实中的微量元素［J］. 广东微量元素科学，2007，14（1）：58-60.

［225］周斌，栗红，李小明. 植物样品中盐分离子的几种分析方法比较［J］. 干旱区研究，2000，17（3）：35-39.

［226］王陆黎，肖国拾. 红景天根中氨基酸含量测定［J］. 白求恩医科大学学报，1999，25（1）：52-54.

［227］范鹏程，田静，黄静美，等. 花生壳中纤维素和木质素含量的测定方法［J］. 重庆科技学院学报，2008，10（5）：56-58.

［228］武予清，郭予远. 棉花植株中的单宁测定方法研究［J］. 应用生态学报，2000，11（2）：243-245.

［229］高涛. 内蒙古沙尘暴的调查事实、气候预测因子分析和春季沙尘暴预测研究（上）［J］. 内蒙古气象，2008（2）：3-10.

［230］杜方红，黄文浩. 阿拉善地区生态环境问题及探讨［J］. 内蒙古环境保护，2005，17（3）：5-9.

［231］朱宗元，梁存柱，王炜，等. 阿拉善荒漠区的景观生态分区［J］. 干旱区资源与环境，2000，14（4）：37-48.

［232］娜仁图雅，张东明. 阿拉善荒漠化生态治理对策研究［J］. 畜禽养殖业，2009（2）：50-53.

［233］刘春莲，刘菊莲. 阿拉善植被退化成因及保护措施浅析［J］. 内蒙古气象，2010（2）：21-25.

［234］成格尔. 影响阿拉善地区沙尘暴特征的气象因素分析［J］. 内蒙古农业大学学报，2007，28（2）：73-78.

［235］王长根. 阿拉善盟强沙尘暴的成因及治理对策［J］. 内蒙古气象，1995（6）：17-20.

［236］李景斌，谢俊仁，张宝林，等. 阿拉善植被对我国北方生态安全的影

响［J］. 内蒙古草业，2007，19（2）：59-61；64.

［237］刘咏梅，赵忠福，梁贞. 阿拉善盟地区沙尘暴变化及危害［J］. 内蒙古水利，2009，123（5）：90-91.

［238］姚正毅，王涛，周俐，等. 近40年阿拉善高原大风天气时空分布特征［J］. 干旱区地理，2006，29（2）：207-212.

［239］孙志强，孙志刚. 阿拉善荒漠区气象灾害分析与防御［J］. 内蒙古气象，2010（5）：17-20.

［240］王永贵，李义民，陈宗颜，等. 柴达木盆地第四纪沉积环境演化［J］. 水文地质工程地质，2009（1）：128-132.

［241］任海燕. 柴达木盆地生态环境因素遥感分析［J］. 青海国土经略，2007（5）：32-35.

［242］苏军红. 柴达木盆地荒漠化及生态保护与建设［J］. 青海师范大学学报（自然科学版），2003（2）：74-76.

［243］苟日多杰. 柴达木盆地沙尘暴气候特征及其预报［J］. 气象科技，2003，31（2）：84-87.

［244］强明瑞，肖舜，张家武，等. 柴达木盆地北部风速对沙尘暴事件降尘的影响［J］. 中国沙漠，2007，27（2）：290-295.

［245］赵串串，胡慧，董旭，等. 柴达木盆地土地荒漠化生态安全评价［J］. 林业调查规划，2009，34（4）：22-26.

［246］黄青兰，王发科，李兵，等. 柴达木盆地南缘春季沙尘暴天气分析及预报［J］. 青海气象，2003（4）：8-11；29.

［247］陈泮勤. 几种稳定度分类法的比较研究［J］. 环境科学学报，1983，3（4）：357-364.

［248］刘强，何清，杨兴华，等. 塔克拉玛干沙漠腹地冬季大气稳定度垂直分布特征分析［J］. 干旱气象，2009，27（4）：308-313.

［249］成秀萍. 柴达木盆地北部春季大风沙尘天气预报方法浅析［J］. 青海气象，2005（2）：26-28；40.

［250］苟日多杰. 柴达木盆地“2000·4·12”沙尘暴天气分析［J］. 青海气象，2001（3）：5-6.

［251］武元录，李世红，闫芳. 扬沙和浮尘天气现象辨析［J］. 现代农业科技，2010（6）：291.

［252］薛福民，刘新春，马燕，等. 1997—2007年塔克拉玛干沙漠腹地沙尘天气变化特征［J］. 沙漠与绿洲气象，2009，3（1）：31-34.

［253］梁宝生，周原．不同类型机动车尾气挥发性有机化合物排放特征研究［J］．中国环境监测，2005，21（1）：8-11.

［254］王月福，于振文，李尚霞，等．不同施肥水平对不同品种小麦籽粒蛋白质和地上器官游离氨基酸含量的影响［J］．西北植物学报，2003，23（3）：417-421.

［255］赵辉，戴廷波，荆奇，等．灌浆期温度对两种类型小麦籽粒蛋白质组分及植株氨基酸含量的影响［J］．作物学报，2005，31（11）：1466-1472.

［256］张军，许轲，张洪程，等．稻麦套种对小麦花后地上部游离氨基酸含量及籽粒品质的影响［J］．麦类作物学报，2006，26（2）：109-112.

［257］赵靓．机动车尾气污染及其排减措施［J］．环境科学与管理，2008，33（5）：87-88；107.

［258］张志红，杨文敏．汽油车排出颗粒物的化学组分分析［J］．中国公共卫生，2001，17（7）：623-624.

［259］刘泽常，王志强，李敏，等．大气可吸入颗粒物研究进展［J］．山东科技大学学报（自然科学版），2004，23（4）：97-100.